# けものと人びと

捕獲されたイノシシ

田畑に出没するサル

猟友会による鳥獣供養

シシ垣（古い時代に造られたイノシシやシカの侵入を防ぐ垣）

# 絶滅種と移入種

## 絶滅したけもの

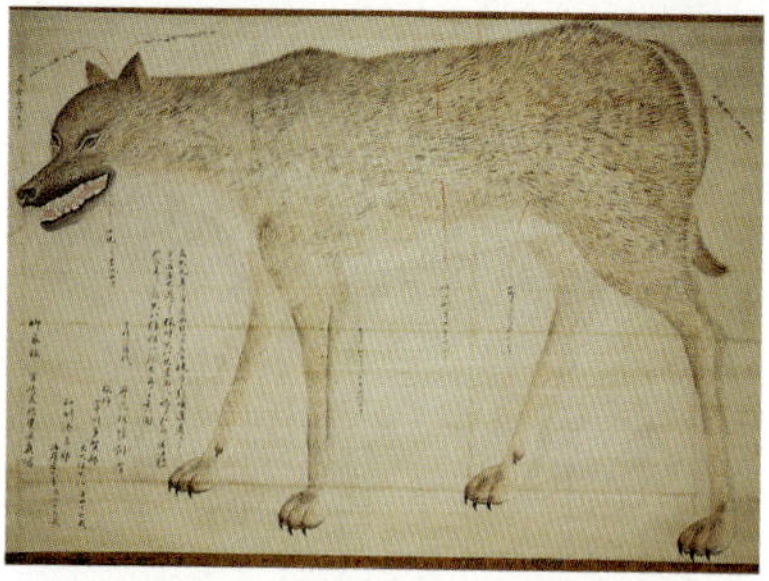

ニホンオオカミ（狼図、春日大社所蔵）

ニホンカワウソ
（湖中産物圖證、原本は滋賀県立図書館所蔵）

## 海外から入ってきたけもの

ハクビシン

アライグマ（種村和子氏撮影）

さまざまな哺乳類の標本（多賀の自然と文化の館の第２収蔵庫）

# 堤防周辺のけものたち

タヌキ

キツネ

かつて行われていたウサギ狩り
（中洲小学校提供）

アナグマ

## 山のぬた場周辺と家畜放牧ゾーニング

イノシシ

シカ

家畜放牧ゾーニング

淡海文庫29

# 滋賀の獣たち

## ―人との共存を考える―

高橋春成　編著

# はじめに

「あなたは滋賀県の生きものに関心をおもちですか?」とたずねれば、きっと多くの人たちが「ハイ!」と答えるだろう。環境こだわり県である滋賀県では、生きものへの関心も高いからである。

しかしながら、人びとがその時にイメージする〝生きもの〟は、多くはメダカ、フナ、ナマズ、ブラックバス、ブルーギル、ホタル、ハクチョウ、カモといった、水のなかや水辺の生きものであるにちがいない。滋賀県では、それだけ、琵琶湖を中心とする水系とそこに生息する生きものが象徴的な存在となってきた。

本書は、このような状況のなかにあって、「滋賀県の生きものはそれだけではありませんヨ。堤防や山のほうの〝けもの〟にも関心をもちましょう!」というメッセージを発信したく企画したものである。

キツネ、タヌキ、ウサギ、イタチ、サル、イノシシ、シカ、クマといった〝けもの〟たち……。確かに、これらの〝けもの〟たちからは水のニオイがしない。そういう点で、これまで滋賀県の生きもののイメージから外れがちであった。しかし〝けもの〟はずいぶん古い時代から、狩猟の対象となり、また農林産物に被害をあたえる動物として、人びとと強いかかわりをもってきた。また、地域に残る〝けもの〟に関する昔話や言い伝えからも、〝けもの〟と人びとが情緒豊に交流してきたことをうかがい知ることができる。

〝けもの〟もまた注目されるべき生きものなのである。本書は、いわゆる希少種やめずらしい〝けもの〟をとりあげたものではない。滋賀県の人びとの暮らしとかかわりの深い〝けもの〟に焦点をあて、人びととの交渉史や、いま社会問題化しているサルやイノシシの問題などに注目したものである。本書を通して、湖国の〝けもの〟に関心をもっていただくことができれば幸いである。

二〇〇三年六月

高橋　春成

# 目次

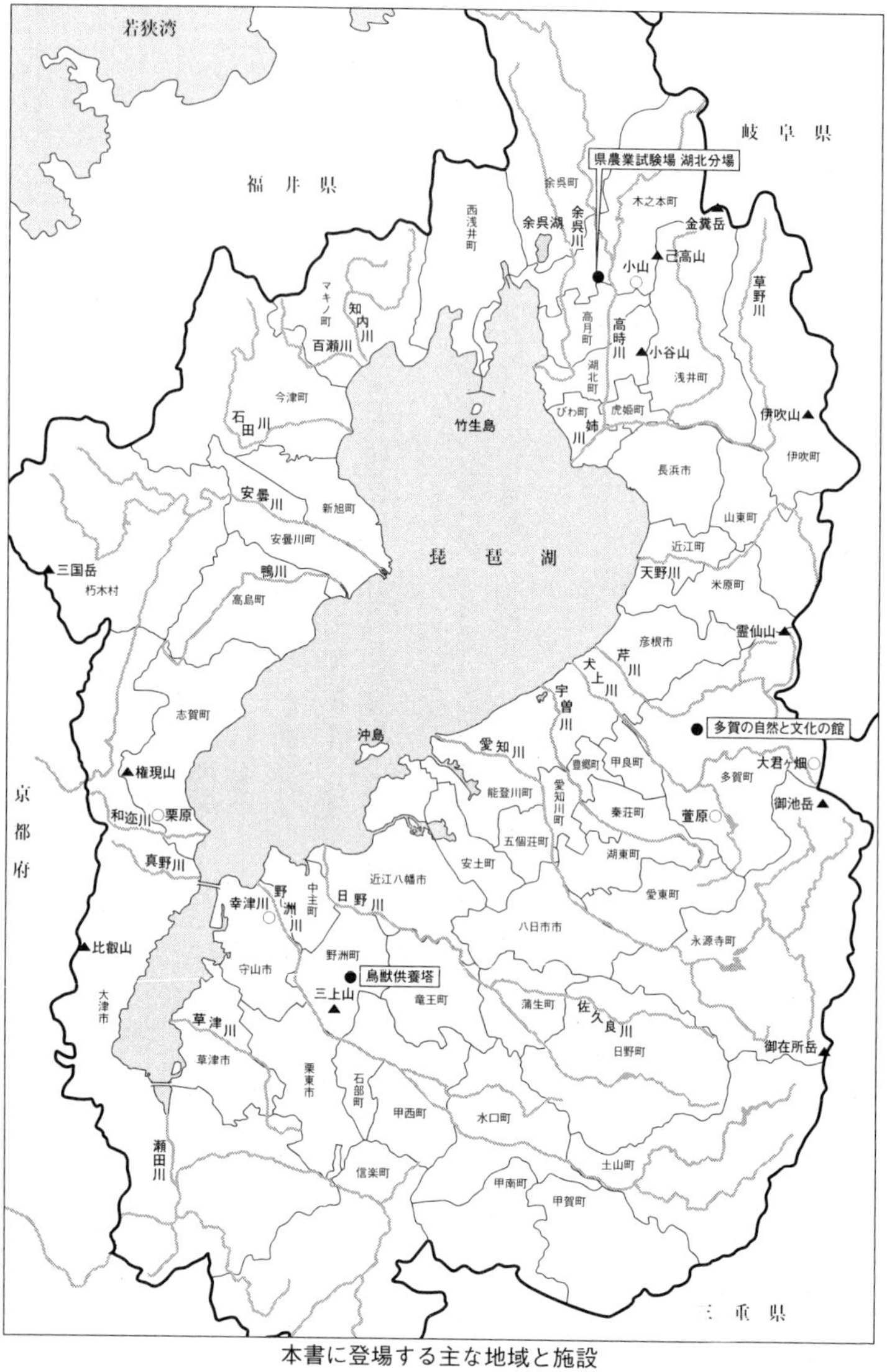

本書に登場する主な地域と施設

# 第一部

# 〝けもの〟と人びととのかかわり

# 鈴鹿山麓のけものと人びと

阿部勇治（多賀の自然と文化の館）

かつて、滋賀の山野には深い森が広がり、そこにはオオカミやカワウソたちも生息していた。しかし、時を経た現在、山奥をどれだけ探しまわっても彼らの生きている姿を見ることはできない。彼らと人びとはどのようにかかわりあっていたのだろうか。そして、彼らはいつ頃、何故いなくなったのか……。人の生活しているすぐ傍らで生きて、そして死んでいった彼らの記憶は、今でも言い伝えや昔話しなど様々な形で語り継がれている。

姿を消していったけものたちがいる一方、近年、これまで確認されていなかった色々な種類のけものが見つかりだした。彼らが、これまで見つかっていなかったのは〝人知れず山奥深くにひっそりと生息していたから〟ではない。つい最近まで、日本国内には生息していなかったのだ。ハクビシンにアライグマ、チョウセンイタチなどは、いずれも遠い外国から人の手によって連れてこられたあげく、いらなくなって放されたり、自ら脱走したといった〝いわくのある経歴〟の持ち主だ。

オオカミやカワウソを捕獲したことも、飼っていたアライグマを山へ捨てに行ったこともないから、こうしたけものの話題は自分とは無関係だと思っている方もおられるだろう。しかし、道路の上に横たわるすさまじい状態となったタヌキやキツネの事故死体を見かけたことのある方は多いのではないだろうか。たとえ、直接加害者としてけものをひき殺したことがなかったとしても、私たちは日夜彼らを殺しているシステム（道路と車）を利用して生活していることに変わりない。間接的に彼らを殺していると言っても言い過ぎではあるまい。

「地域の標本を収集し、永く保存すること」や「地域の情報を集め、広く発信すること」は地域をフィールドとする博物館の重要な役割りだ。ここでは、多賀町立博物館・多賀の自然と文化の館での標本収集や調査を通じて垣間見えた話題を中心に、けものと人びととのかかわりについて紹介しよう。

# 消えたけものたちの残像

## 萱原の妖怪〝にじょうぼん〟

琵琶湖の東岸、湖東平野を流れる清流の一つに犬上川がある。この犬上川の上流、山あいの豊かな自然に囲まれた集落が萱原の里（犬上郡多賀町萱原）だ。ここ萱原には、一体の謎めいた巨大な彫像が鎮座している（写真1）。南太平洋の小島・イースター島に残る古代の石像〝モアイ〟にも似たその像は、萱原の人びとに語り継がれてきた伝説の妖怪〝二丈坊《にじょうぼん》〟をイメージした物である。二丈坊とはいったいどのような妖怪なのだろうか？ 言い伝えや彫像が作られた際のいきさつ話から、そのキャラクターについて簡単にまとめてみると、二丈坊とはおおよそこんな妖怪であるらしい。

写真１　多賀町萱原に鎮座している“妖怪にじょうぼん”の像

・二丈坊は、カワウソが化けた身の丈二丈（六メートル）の妖怪で、のっぺらぼうの大入道らしいが誰もその姿を見た者はいない。

・二丈坊は、悪さをした子どもたちを戒める〝こわい化け物〟として言い伝えられてきた。大人たちは子どもをしつける際の象徴的な恐い存在として二丈坊を使いつづけて来た。

・大人たちにとって、二丈坊は子どものしつけに協力してくれるありがたい妖怪である。また、ふるさとを思う心のよりどころ（シンボル的存在）でもあり、地域の人と人との結びつきを強め、コミュニケーションを活発にするきっかけにもなっている。

ここで気になるのは、二丈坊がカワウソの化けた妖怪とされている点だ。そんな妖怪の伝説が伝わっているのは、かつて萱原にカワウソが生息していたからではないかと思えてくる。実は、エンコウやカッパ、川太郎、シバテンといったカワウソが関連していると思われる妖怪の伝説は全国各地に伝えられており、そのような場所ではカワウソが生息していた記録が残されていることも少なくない。また、主人公の妖怪たちはいたずらをしたり、人をおどかしたりするものの、ひょうきんで憎めない愛すべき存在として語り継がれていることが多い。そして、二丈坊もまた〝子どもたちが恐れる怖い妖怪〟としての面と、〝萱原の里人をあたたかく見守ってくれるふるさとの象徴〟としての面との二面性を持った妖怪である。妖怪たちの性格づけがいつ頃されたのかも考える必要があるが、こうした妖怪たちのキャラクターは、モデルとなったカワウソの特異な習性や人とのかかわり方がその背景にあるのではないだろうか。

カワウソ（ニホンカワウソ）の計測記録の中には、体重一〇キログラム以上で体長一メートルを超える個体も見出すことができる。このサイズは感覚的に〝小動物〟として捉えるか、それとも〝猛獣〟と見るか、微妙な大きさだ。また、尾を支えにして後ろ足で立ち上がることもあるというが、長時間そのような姿勢がとれるけものは他にはいない。きっと立ち上がった姿は異様に思えたことだろう。さらに、カワウソは魚食性の傾向が強いので、網に絡まった魚を失敬したり漁具を傷めたりして、時に漁師の怒りを買うこともあったはずだ。しかし、カワウソが生息しているのは川の恵みが豊かなことの裏付けでもあり、器用に魚を捕まえるその姿は人びとの心をなごませるものだったに違いない。〝カワウソがモデルとなった？妖怪たち〟に共通している二面性は、このあたりが関係しているようにも思われる。

二丈坊がうろついて子どもたちを震えあがらせていた昔々から長い時を経た現在、犬上川には巨大なダムがそびえ立ち、山々はスギの植林で覆われ、萱原

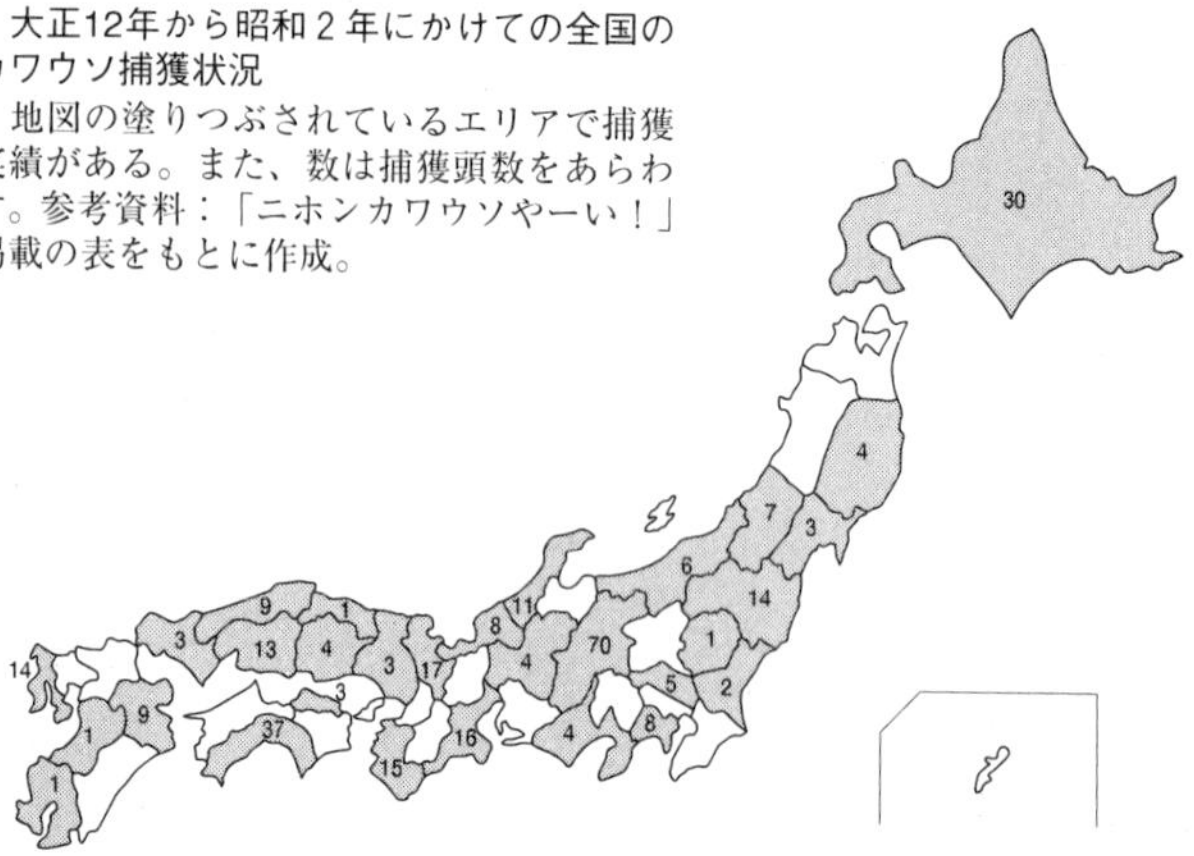


図１　大正12年から昭和２年にかけての全国のカワウソ捕獲状況
　地図の塗りつぶされているエリアで捕獲実績がある。また、数は捕獲頭数をあらわす。参考資料：「ニホンカワウソやーい！」掲載の表をもとに作成。

の山河は大きく変わった。カワウソがかつて萱原に生息していた可能性は十分にあるものの、記録や標本が残されていないので残念ながら本当のところはわからないままだ。しかし、タヌキやキツネと並んで、あるいはそれ以上に、かつての萱原の人びとにとって、カワウソは身近な存在だったのではないだろうか。あの二丈坊の像は、萱原の人びとの心の中に今も生きつづけているカワウソの記憶が、妖怪の姿を借りてあらわれたものであるように思えてならない。

## 湖国のカワウソたち

萱原の二丈坊のほかにも、彦根の「老カワウソが湖の妖怪になった」という伝説など、滋賀県内にはいくつかカワウソにまつわる言い伝えが残っている。しかし、かつては妖怪のモデルになるほど身近な存在であったはずのカワウソも、現在ではその姿を見ることはできなくなってしまった。

カワウソはその毛皮が珍重され、肝臓は結核の薬になると

写真2　粟津湖底遺跡第三貝塚より出土したカワウソの右下顎骨（滋賀県教育委員会所蔵）
顎の骨を外側より撮影した写真。筋突起や下顎枝は破損しており、歯も犬歯以外はすべて脱落している。

思われていたため、昭和初期まで各地で狩猟の対象として捕獲されていた。皮肉なことに、絶滅に拍車を掛けることになったかもしれないこうした狩猟の記録が、昭和初期までほぼ日本全国にカワウソが広く生息していたことを明確に示している（図1）。残念ながらこの中には滋賀県での捕獲記録が含まれていないので、県内のこの頃の状況についてははっきりとしたことはわからない。たまたま記録が残されなかっただけかもしれないし、あるいはすでに絶滅していた可能性もある。それでは、滋賀県にはいつごろまでカワウソが生息していたのだろうか。

遺跡から出土した大昔の骨や歯は、こうした疑問に答えてくれる確実な証拠となる。粟津《あわづ》湖底遺跡（大津市晴嵐《せいらん》）は滋賀県を代表する縄文時代中期（およそ五〇〇〇～四〇〇〇年前）の貝塚として知られているが、この遺跡より出土した動物遺体（骨）のなかに一点のカワウソの下顎骨が含まれていた（写真2）。この標本は、縄文時代の滋賀県に確かにカワウソが生息していたことを示している。ところがこの標本の他には、県内では今のところ一枚の毛皮も一片の歯のかけらも確認されてはいない。こうしたことから、縄文時代以降にカワウソたちがたどった軌跡を知るには、古い文献を丹念に読み解いてカワウソについての記述を探すしかない。粟津の下顎骨の次に私たちが滋賀のカワウソについての情報を得ることができるのは、数千年の時をへだてた江戸時代に入ってからである。

「奥の細道」で有名な俳人松尾芭蕉は、滋賀のカワウソにまつわる興味深い句を残している。

獺《かわうそ》の　まつりみてこよ　瀬田の奥

この句は元禄三年（一六九〇）の早春に、芭蕉のふるさと伊賀上野で膳所《ぜぜ》（現在の大津市南西部）へ行く門人への餞別句として詠んだものとされている。伊賀上野は現在の三重県上野市周辺で、芭蕉の故郷でもある。膳所から遠く離れた場所で詠んだこの句は、単なる想像の産物なのだろうか。実は、芭蕉は膳所に住んでいた時期がある。また住まいを移してから後にも度々膳所を訪れていることから、当時瀬田（大津市瀬田）周辺に生息していたカワウソをイメージしてこの句を詠んだと考えても不思議はない。もっとも、俳句は事実の記録というより作者の心情を表現した文学作品であり、この句を根拠に当時の瀬田にカワウソが生息していたとは言い切れないところが残念だ。ちなみに〝獺のまつり〟（獺祭《だっさい》）というのは、古代中国の経書「礼記」のなかで紹介されている〝カワウソが捕まえた魚を祭りの供物を供えるように並べる行動〟のことである。しかし、ニホンカワウソが実際にこうした行動をしていたかどうかは今となっては確かめようがない。

また、江戸時代の日本には、本草学と呼ばれる今の生物学、農学、薬学が一緒になったようないわば〝博物学〟が学問の枠組みとして存在していた。この本草学に関連する記録は、図譜（イラスト）をともなうケースが多く、信頼性の高い情報を得ることができる。一七〇〇年代前半から中頃にかけて、幕府の薬草園の責任者として活躍した本草学者の一人に丹羽正伯（元禄四年～宝暦六年）という人物がいた。彼は、全国の諸藩に対し、領内で栽培している農作物をはじめ山野に自生・生息しているありとあらゆる動植物をリストにして提出させた。いわゆる「産物帳」と呼ばれている物がそれである。滋賀県内については数冊が今に伝えられており、このうちの一冊、加賀藩の飛び地領であった高島郡海津中村（高島郡マキノ町海津）の産物帳「江州御知行所今津弘川海津之内中村町」（成立は元文年間：一七三〇年代）の中にカワウソの記述を見いだすことができる。

写真３　湖中産物圖證の中に描かれているカワウソ
もともと三軸の巻物であった物を、安政元年（1854年）に山本錫夫という人物が正誤を正し、絵図を描きなおして六巻の冊子にした。このため、カワウソの絵図とその説明文は10ページにわたり分断された状態となっている。写真は、この10ページ分をつなぎ合わせて作成した展示パネル（原本は滋賀県立図書館所蔵）

また、およそ八〇年ほど時代を下った文化十二年（一八一五）に、海津から琵琶湖をはさんで対岸にあたる彦根藩で湖中産物圖證という図鑑が作成された。藩主井伊侯の指示で藤居重啓という藩士が作成したこの図鑑には、琵琶湖と余呉湖に生息している水生動物のイラストが実物大で描かれており、挿絵の一枚に、とても写実的に描かれたカワウソの姿をみることができる（写真３）。この絵は、指の間のミズカキや鼻先の剛毛などカワウソの特徴を端的にとらえており、江戸時代以前に描かれたカワウソの絵の中で他に例をみない見事なものである。

さらに時代は下って明治時代の末から大正時代の初めごろにかけて、各地の村々では尋常小学校での教師の指導書とするために「郷土誌」と呼ばれる地域誌が作成された。ほとんどの村で作成されたはずのこの郷土誌も、現在残っているものは数えるほどとなっている。また、いつ頃作成されたのかその多くは来歴がはっきりしない。そんな中で、草津市の「老上村郷土誌」（大正二年作成）と甲西町の「岩根村郷土誌」（明治三十九年作成）は湖国にカワウソが生息していた事を明確に示す最後の資料として重要だ。この後、滋賀にカワウソが生息していることを示す信頼しうる情報は途絶える。この九十年の間にカワウソたちにいったい何が起きたのだろうか。

現在、日本国内で野生のカワウソに出会うのは、カッパに出会うのと同じくらい（?）難しいことになってしまった。ニホンカワウソ最後の生息地として知られている高知県南部でも、昭和五十八年（一九八三）に死体が確認されて以来、確実な生息の証拠は報告されていない。カワウソを絶滅の淵から救い出すことはもはやできないかもしれない（すでに絶滅してしまっているかもしれない）。しかし、カワウソがモデルとなった妖怪たちはこれからも人びとの心の中で生き続け、人と自然とのかかわりについて問いかけてくることだろう。「その選択で本当にいいのか?」と……。

## 送りオオカミの記憶

カワウソが水辺の生態系の中で頂点に立つけものであったように、山の生態系の中でオオカミは最強のけものであった。彦根市中山町でけものの生息状況について聞き取り調査を行った際に、地元の古老・金綱徳生さんからシカやイノシシの情報と一緒にオオカミにまつわる生々しい話しをうかがうことができた（以下、金綱さんの話を要約）。

「昔は、中山から摺針《すりはり》峠へぬける道（彦根市中山町）はオオカミ谷と呼ばれとってな、この道を歩いとると普段は山の上のほうにおるオオカミがおりてきて後をついて来よる。

それで、火打石みたいに火を起こせる物をもち歩かんと襲われるから危ないと言われておった…」

現在、彦根どころか日本国内には野生のオオカミは生息していない。いったいどれぐらい昔の話なのかと詳しく聞いてみると、金綱さんが子どもの頃におじいさんから聞いた話だとのことであった。一〇〇年以上昔の話であることは間違いなさそうだ。一〇〇年の時を経てもなお語り継がれているこのオオカミの言い伝えは、オオカミと同じ時代を生きた人びとのオオカミに対する恐れや尊敬の記憶に他ならない。山道でオオカミに襲われそうになったり、後をつけられるといった言い伝えは〝送りオオカミの話〟として全国各地に数多く残っている。滋賀県内でも、各市町村に伝わる伝説や民話をまとめた「ふるさと近江伝承文化叢書」シリーズなどの本の中に〝送りオオカミの話〟がいくつか収録されている。お年寄りなどから直接話をうかがったケースも含めると、これまでに彦根市、甲良町、永源寺町、土山町、朽木村、高島町、西浅井町、余呉町、伊吹町、山東町で〝送りオオカミの話〟が確認できた。〝送りオオカミの話〟が伝えられている地域は琵琶湖を取り巻く山地のほぼ全域に及んでおり、県内に広くオオカミが生息していて当時の人びとと何らかのやり取りがあったことは容易に想像される。

こうした言い伝えは、人とオオカミのかかわりのほんの一端を伝えているにすぎない。それでも、その内容からは昔の人びとがオオカミの習性を熟知していたことをうかがい知ることができる。冒頭であげた、彦根市中山町の例ではオオカミは中山と摺針峠の間（オオカミ谷）を通る際に現れるとされている。オオカミはパックと呼ばれる近親者からなる小集団で行動し、テリトリー内に入ってくるものを監視・追跡する習性がある。ここでいう〝オオカミ谷〟が、あるパックのテリトリーだったとすれば、監視・追跡しようとするオオカミの習性による行動は〝送りオオカミの話〟そのものといえる。また、火を恐れる習性も〝火打石を持ち歩く（恐らく追い払うのに使用するため）〟という点と符合している。一方、各地で話の内容は少しずつ異なっているが、興味深いのは伊吹町の一例（伊吹町には六例の話が伝えられている）を除いて、オオカミを殺したり排除したりするような話になっていない点である。数例の話では、ついてきたオオカミを殺すどころか、後をつけられた人物は家に帰り着いた時にオオカミに向かって「送ってもらってご苦労さん」と声をかけ、餅や塩（昔は貴重品だったはずだ）を振舞ったりもしている。送りオオカミを実際に体験していた昔の人びとの多くは、オオカミを恐れながらもその存在を受け入れていたことが感じ取れる。もし、平成の世に夜道を歩いていた誰かがオオカミにつけられるようなことがおきたらどうなるか。たちまち警察や自治体は討伐隊を組織して、数日の内にそのオオカミを凶悪な猛獣として血祭りにあげることだろう。いつごろからこ

写真4　狼図（春日大社所蔵）
文久元年（1861）に猟師によって捕獲されたオオカミ（ニホンオオカミ）♂の絵図。とても写実的に描かれている。

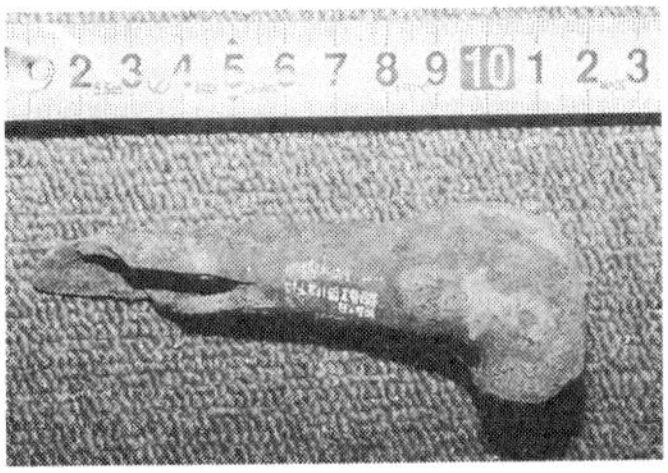

写真5　粟津湖底遺跡第三貝塚より出土したオオカミの右大腿骨遠位部（滋賀県教育委員会所蔵）
イヌの大腿骨に似るがやや大きい。骨端に穴があり、当時の人が骨髄を掻き出して食べたのかもしれない。

うした感覚のギャップが生まれたのかは定かでない。しかし、日本からオオカミが姿を消した背景には、こうした人びとの意識の変化が大きく関係しているようにも思える。

かつて日本の本州、四国、九州にはニホンオオカミと呼ばれるオオカミたちが生息していた（写真4）。送りオオカミの話に登場するオオカミは、このニホンオオカミである。ニホンオオカミは、ユーラシア大陸や北海道に生息していたオオカミに比べると体格が小さく、日本の自然環境に適応して小型化した固有の種（または亜種）のオオカミと考えられている。しかし、残されている標本があまりに少ないため、いまだにはっきりとした位置付けがなされておらず、研究者の間でも意見が分かれている。また、捕獲の記録は、明治三十八年（一九〇五）に奈良県吉野郡東吉野村鷲家口《わしかぐち》（現

# ニホンオオカミか、野犬か
## 九州の山中での目撃騒動

九十年以上前に絶滅したとされるニホンオオカミによく似た動物が九州中部の山中で撮影され、本物か、それとも野犬か、議論を呼んでいる。数年に一度、思い出したように目撃情報が現れるが、いずれも生息を科学的に証明できる証拠は見つかっていない。環境庁が作成する絶滅のおそれのある野生生物のリスト（レッドリスト）にも「絶滅種」として分類されている。本物なら大発見だが、否定的な専門家が多い。採取された体毛のＤＮＡ鑑定でも断定は難しく、決着は簡単につきそうにない。

### ＤＮＡ鑑定にも限界

西田智さんが九州中部で撮影したニホンオオカミによく似た動物

明治時代初期に福島県で捕獲されたニホンオオカミのはく製＝東京都台東区の国立科学博物館で

北九州市に住む福岡県立小倉西高校長、西田智さん(62)が目撃したのは七月八日の夕方だった。尾の先端が切れたように丸くなっていることと、四肢の外側や耳の後ろがオレンジ色がかっていることなど、ニホンオオカミに似た特徴があった。「三、四㍍の距離まで近づいてきた後、山中に姿を消した」と話す。

国立科学博物館の元動物研究部長、今泉吉典さん(86)に写真を送り、ニホンオオカミとみられるとの回答を得たという。

丸山直樹・東京農工大教授（野生生物保護学）は「野生のオオカミが人間に三、四㍍の距離まで近づくとは思えない」とニホンオオカミ説を疑問視する。

丸山さんは毎年、内モンゴルの草原で野生のハイイロオオカミの生態研究をしているが、警戒心が強く、五百㍍の距離まで接近するのが精いっぱいだという。

オオカミは通常、一組のカップルとその子どもたちが群れをつくって生活する。丸山さんは「ニホンオオカミが生息しているのなら、群れが存在していて高い頻度で遠ぼえが聞かれたり、姿が見られたりするはずだ」という。

オオカミは一回に七、八匹の子どもを産む。もし、九十年以上も種が保存されているとしたら、数百匹が生存していてもおかしくない。しかも、一九七〇年代以降、自然保護運動が活発化したことで、シカなどオオカミのえさとなる動物が増え、オオカミの生息条件は格段に良くなっており、群れや個体の数が増加して、人目にもっとついているはずとみる。

丸山さんは「体の特徴を見ても写真の動物はシェパードに近い。しかし、形は一世代ごとに変化することが多いので、ＤＮＡ鑑定などの科学的な手法で種の判定をすべきだ」と話す。

京都大学霊長類研究所の相見満・助教授（動物系統学）はニホンオオカミのはく製を所蔵するオランダなど各地の博物館に協力を求め、毛皮の一部からＤＮＡを抽出しようと試みたことがある。

鑑定のためによく使われるＰＣＲ法でＤＮＡを増殖させようといろいろ工夫してみたが、うまくいかなかった。はく製にするときの薬品処理などが影響したらしい。正確なＤＮＡ標本がない現状で、ニホンオオカミかどうかを判別するのは容易ではない。

さらに、ＤＮＡ標本があったとしても問題が残る。母親から受け継がれるミトコンドリアＤＮＡを調べて判別する方法が考えられるが、実際には難しい。

「今から数十万年前から数百万年前に祖先が分かれた動物なら区別できる場合もある。しかし、オオカミと犬が分岐したのは今からわずか一万年前から一万五千年前と比較的新しいので、ＤＮＡにははっきりした差がない」

西田さんが採取した写真の動物のものとみられる体毛のＤＮＡを鑑定しても、断定するのは無理かもしれない。

環境庁野生生物課は「生息が確実になれば、レッドリストの見直しも検討しなければならない。明確な基準はないが、通常は捕獲されないと生息を確認したことにはならないのではないか」としている。

図２　九州中部でのニホンオオカミ（？）の目撃を報じた新聞記事
（平成12年11月23日付「朝日新聞」）

在の東吉野村小川）で罠《わな》にかかったオスが最後で、それ以降信頼できる生息情報はない。ところで、送りオオカミの言い伝えの他、県内に生息していたオオカミをうかがい知ることができる資料には、どのような物が残されているのだろうか。前出の粟津湖底遺跡からはオオカミの物と思われる大腿骨《だいたいこつ》の破片（写真５）や犬歯、大臼歯《だいきゅうし》、下顎骨《かがくこつ》が、この他、石山貝塚（大津市石山寺）、滋賀里遺跡（大津市滋賀里）、佐目《さめ》のコウモリ穴（多賀町佐目）からもそれぞれオオカミの歯や骨の破片が出土しているが、これらはいずれも縄文時代のものである。また、今のところオオカミについての記述が確認されている文献資料は、郷土誌の一つ「土山村外四ヶ村郷土誌」（甲賀郡土山町）だけである。なお、この「土山村外四ヶ村郷土誌」は明治三十八～三十九年に作成され、奇しくも東吉野村で最後のニホンオオカミが捕獲されたのとほぼ同じ時期にあたる。

オオカミたちが絶滅までにどのような軌跡をたどったのか、残された資料はあまりに乏しく何もわからないに等しい。しかし、この一〇〇年の間に、オオカミが不在となった山の生態系が変質してきたことだけは、はっきりしている。シカやカモシカの有力な捕食者となっていたオオカミがいなくなった今、こうしたけものたちの数を直接コントロールできる存在は猟師しかいない。シカやカモシカの増加による林業被害の拡大を防ぎ、いびつになってきた生態系を改善するため、近年では日本の山野に外国産のオオカミを導入するというアイデアまで出されているが、いかがなものだろうか。(日本オオカミ協会ホームページ http://homepage2.nifty.com/~wolf)

今でも時々、ニホンオオカミを目撃したという話題が、新聞紙上をにぎわすことがある(図2)。また、ニホンオオカミの生存を信じて山中に分け入り、調査を続けている方もおられ、鈴鹿山脈南部の入道ヶ岳(三重県鈴鹿市)でもニホンオオカミが生存している証拠を得ているという。日本人の心の奥にあるオオカミへのあこがれや、永遠に失われてしまった物への郷愁が、山中をさまよう影を時にオオカミに見せるのかもしれない。

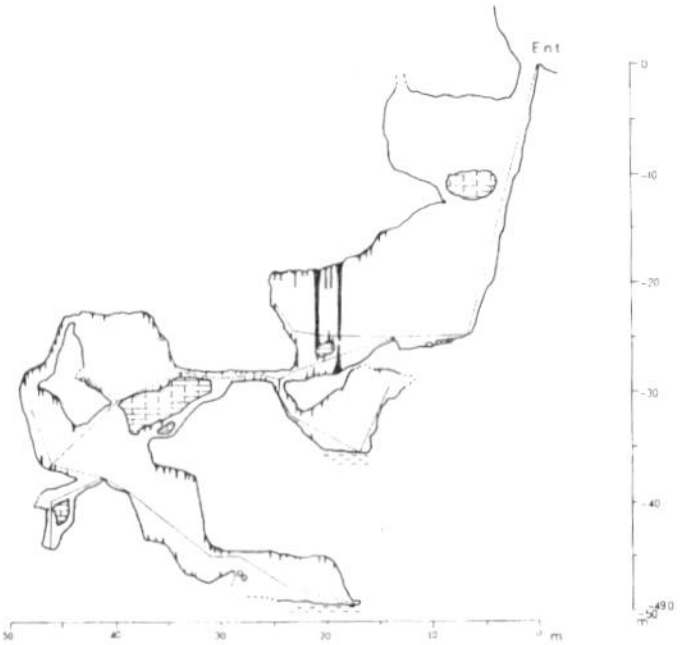


図3　多賀町大君ヶ畑の鍾乳洞「ナベイケ」の展開縦断面図
参考資料：「多賀町の石灰洞」より引用。総延長は138.7m、高低差49.0mある竪穴。測量はひみず会による。

写真6　多賀町大君ヶ畑の鍾乳洞「ナベイケ」の洞内
つらら石や石筍といった二次生成物が発達しており、とても美しい。

## 地底からの報告

鈴鹿山脈の北部、霊仙山《りょうぜん》、鍋尻山、高室山、御池岳などの周辺には石灰岩と呼ばれる岩石が分布し、一帯は近江カルストと呼ばれている。石灰岩はセメントの原料にもなる案外身近な岩石だが、実は貝殻やサンゴの破片といった海の生物の化石が集まってできた岩石である。近江カルストの石灰岩は、今から二億八千万年ほど前に存在した超海洋〝パンサラッサ〟にあった珊瑚礁《さんごしょう》が、移動する海洋プレートに乗って赤道付近から旅をしてきた物と考えられており、サンゴや三葉虫の化石を含んでいることで知られている。

ナベイケは、そんな近江カルストのただなか、三重県との県境にほど近い多賀町大君ヶ畑《おじがはた》の高室山東斜面にぽっかり口をあけた鍾乳洞だ（図3、写

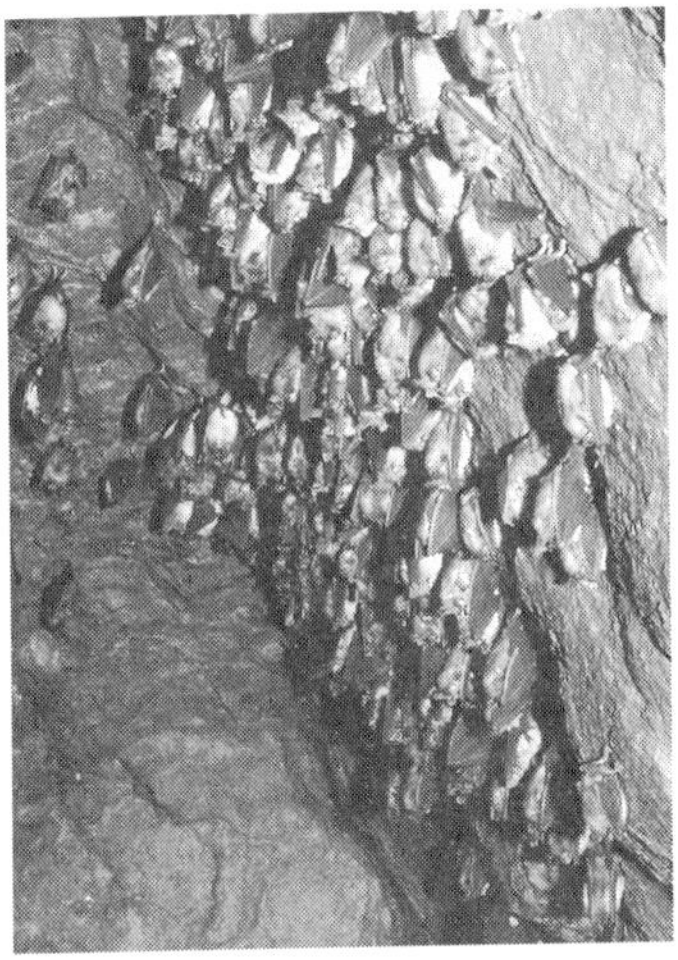

写真7　多賀町河内の鍾乳洞「河内風穴」で越冬するコキクガシラコウモリの集団

毎年11月から翌年３月にかけて新洞部のシアターホール奥で1000頭規模の集団をつくり越冬する。

真6)。鍾乳洞といっても、観光のために整備されている河内風穴《かわちのふうけつ》などとは違い、洞内は荒々しい自然のままの状態だ。しかも、洞口からほぼ垂直に二五メートル続く竪穴を降りなくてはならないので、S.R.T.(Single Rope Techniques)と呼ばれる〝ロープ一本を上り下りする技術〟と、それなりの装備が必用となる。平成十二年(二〇〇〇)六月、そんなナベイケへ調査に出かけた。目的は、洞内でコウモリの姿を確認することだ。

実は、ナベイケや河内風穴の他にも近江カルストには多くの鍾乳洞が存在し、確認されているものだけでも五〇以上の数にのぼる。石灰岩には、二酸化炭素を含んだ水(雨水や地下水)に溶ける性質がある。このため、長い年月をかけて地下水が石灰岩を溶かし、これら数多くの鍾乳洞が形成された。こうした鍾乳洞は、しばしばコウモリたちのねぐらとして利用され、冬季に数千頭の大集団がみられる所もある(写真7)。ところが、冬の居場所はある程度わかっていても、春~秋にかけての時期、コウモリたちがいったいどこで、どうしているのかがわからない。冬にはあれだけたくさんいるのに、コウモリたちは忽然と

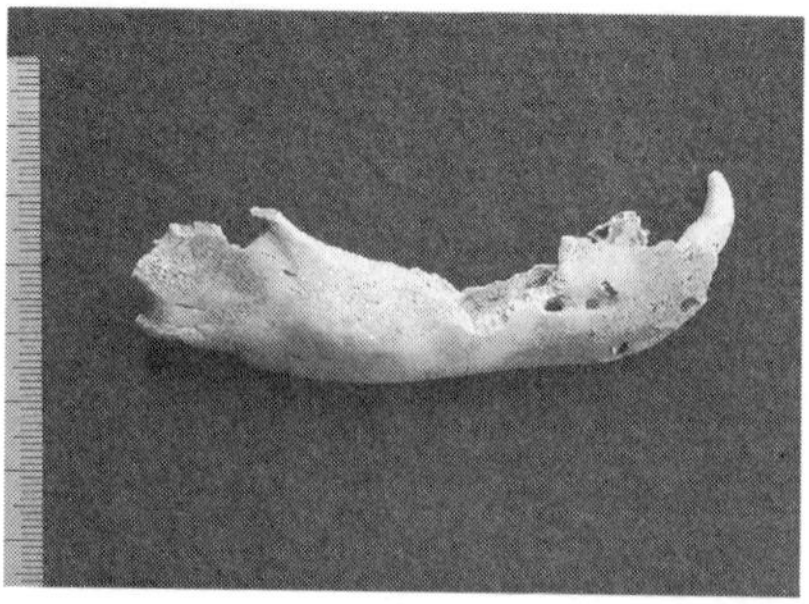

写真８　多賀町大君ヶ畑の鍾乳洞「ナベイケ」の洞内より出土したツキノワグマの右下顎骨（多賀の自然と文化の館所蔵）

顎の骨を外側より撮影した写真。筋突起や下顎枝は破損している。歯は乳歯で全く磨り減っていないことから、生まれて間もない幼獣のものであると思われる。中央には、ヒメネズミ？によるかじり痕がある。

姿を消してしまう。〝きっと調査に入るのが困難な竪穴のようなところにいるのでは〟という期待から、ナベイケへ入ってみることにしたのだった。

いざ入ってみると、ナベイケの洞内にはキクガシラコウモリがたった一頭いただけで、読みは完全に外れであった。ところが、コウモリを探して天井を見上げるのにも疲れ、ふと目を足元に向けた時に思わぬ発見が待っていた。足元には無数のけものの骨が散乱していたのだ。さっそく目標を切り替えて骨を拾い集めた。あまり大きな物はないが、かなりの量の骨が洞窟の床の粘土に半ば埋まりながら顔をのぞかせており、中には歯のついた顎の骨も含まれていた。数日後、持ち帰った骨を洗浄していると、一点だけ妙な感じの下顎《したあご》の骨（写真８）が含まれていた。その大きさはキツネの下顎と同じくらいだが、歯ができかけで幼獣のものであることは明らかだった。それにタヌキやキツネとは歯の形も大きさも全く違う。この下顎はツキノワグマの幼獣のものだったのだ。

滋賀県内では、ツキノワグマは湖西の比良山地や湖北の福井県との県境から伊吹山地にかけて、現在でも相当数が生息していると推定されている。しかし、山の奥深いイメージからすると意外に思われるかもしれないが、鈴鹿山脈では猟師ですらクマの姿を見たという人はほとんどいない。また、研究者によっては鈴鹿山脈のクマは江戸時代に絶滅したと考えている人もいる。そうかといって、まったく生息していないのかというとそうとも言いきれず、数年に一度はクマを目撃したという噂や養蜂施設が荒されたという情報が流れる。なんだか煮え切らないが、どうやら〝どこからか迷い込んで来た個体がたまたま目撃された〟ということか、〝根っからの鈴鹿グマがごくごく少数生き残っていて宝くじにあたるような偶然で時々誰かに目撃されている〟ということか、そのどちらかのようだ。

いまのところ、ナベイケからみつかったツキノワグマの下顎骨がどのくらい昔の物か、正確にはわかっていない。でも、一緒に見つかったそのほかの骨は、現在の鈴鹿山脈で普通に見られる動物のものばかりである。こうしたことから、そう遠くない昔、つい最近までナベイケ周辺でツキノワグマが繁殖していた可能性も十分考えられる。

オオカミやカワウソに続く鈴鹿の山での第三の絶滅に、私たちは立ち会うことになるのだろうか。

写真9　多賀の自然と文化の館の第2収蔵庫
主に湖東エリアで収集された標本を中心に、滋賀県内に生息している鳥類・哺乳類の剥製・仮剥製・なめし皮が収蔵されている。ほかにも、骨格標本が収蔵されている第1収蔵庫、液浸標本が収蔵されている第3収蔵庫がある。

## 受難の時代

### 遺体は語る

多賀町立博物館・多賀の自然と文化の館は平成十一年（一九九九）三月に開館した町立の小さな博物館だ。この博物館では、開館前からけもの（哺乳類）の標本収集に積極的に取り組んできた（写真9）。標本というと聞こえは良いが、剥製であれ毛皮であれ骨格標本であれ、すべて遺体から取り出されたけものたち自身の一部〝カラダそのもの〟である。標本にするには、解剖して遺体から必要な部分を取り出さなくてはならない。うごめくダニと血にまみれながらの解剖は、「臭い、汚い、気持ち悪い」といったいわゆる三K作業以外の何物でもない。しかし、死によって、突然時間が止まってしまったけものの遺体は、彼らの生そのものを語ってくれる。一見すると気持ちが悪いだけの、血まみれの遺体から、今けものたちがどのような状況に置かれているのか、生の声を聞くことができるのだ（写真10）。

写真10　タヌキの最後の晩餐
交通事故で死亡したタヌキを剖検したところ、胃の中から鍋物の具材がそっくり出てきた。人の生活圏に近いところで生きているタヌキは、人の習性？　をうまく利用して食べ物を得たりもしているらしい。

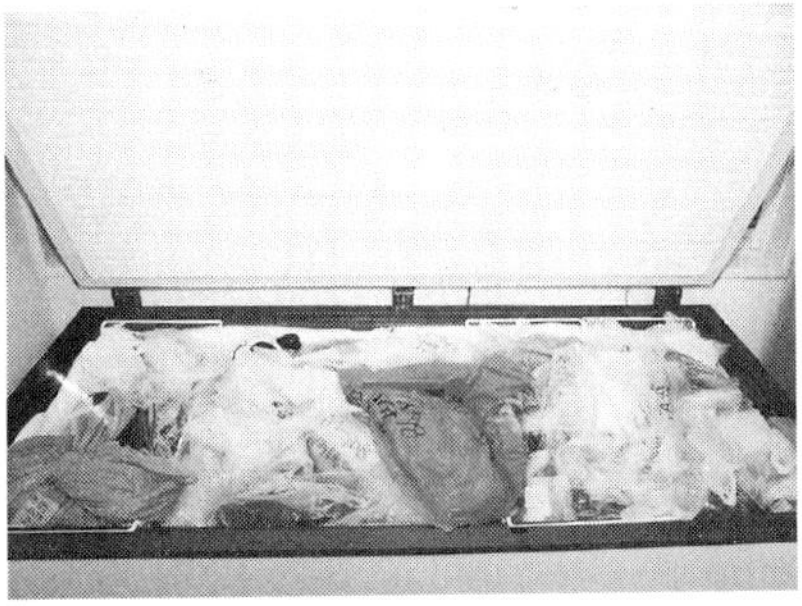

写真11　多賀の自然と文化の館　解剖室に設置された冷凍庫
処置を待つ遺体が、冷凍保存されている。遺体の状態やこれまでに収集した標本の種・点数を考慮して、剥製やなめし皮、骨格標本などが作成される。

標本収集というと、山へ出かけて鉄砲でけものを撃ち殺し、それを持ち帰っているように思われそうだが、ネズミやモグラの仲間を除いてわざわざ捕まえに行くようなことはしていない。標本にするために生きているけものを殺すような事をしなくても、けものたちはじゃんじゃん殺されて続々と博物館へ運ばれてくる。そんなわけで、いつでも博物館の冷凍庫はけものたちの遺体で定員オーバー状態だ（写真11）。このように、博物館へ運ばれてくるけものたちの多くを日々せっせと殺しているのは、なにも特別な人たちではない。車を運転するごく普通のドライバーも、たくさんのけものを殺しているのだ。

多賀の自然と文化の館が、本格的にけものの標本を集め始めたのは平成十年ごろからだ。それ以来、これまでに約二〇〇点のけものの遺体を標本として受け入れてきたが、このうちの五一点がロードキル、つまり交通事故により死亡したものであった。種類のうちわけをみてみると、タヌキが一二点と飛びぬけて多い。ついでテン（七点）、イタチとチョウセンイタチが同数ずつ（五点）となっており、ほかにもシカ、ニホンカモシカ、サル、キツネ、イノシシ、リス、アナグマ、ツキノワグマにハクビシンまで、中型サイズ以上のありとあらゆるけものが交通事故の犠牲となっていることがわかる。五年間でおよそ五〇件の事故件数とすれば、一年間で約一〇件。それほど多くないような印象を受けるかもしれないが、それは大きな誤解だ。なぜなら、ここに挙げたロードキルの数は、標本として利用できる状態だったもののみの合計であり、現地へ収集にいったもののあまりに状態が悪く、標本化できないと判断された膨大な数の事故件数は加えられていないからだ。それに、博物館へは、発生したすべての事故についての情報が集まってくるわけではないので、記録されないままのものもかなりの数に上ることが想像される。

## 事故現場の惨状

最近では、博物館でこうしたけものの標本（遺体）を収集していることが知られてきたためか、地域の住民や近隣市町の役場などからもロードキル情報について連絡をいただくことが多くなってきた。連絡をいただくのはとてもあり難

写真12　道路に横たわった子どものサルの遺体
ある雨上がりの朝、この子どものサルは突然短い生涯を終えることになった。同じ群れのサルたちは事故後も数時間同じ所にとどまり続け、動かなくなった仲間のようすを見守っていた。

いのだが、同じ日に何件も重なるとさすがに閉口してしまう。

連絡を受けて現場へ急行すると、たいていそこには悲惨な状態となったけものの死体が路上に横たわっている。現場では、自分が事故にあわないように注意しながら、事故現場がどのような立地か、事故死したけものの種類、性別や事故の状況がどのようなものか、わかる範囲で記録をとって死体を回収する。時には加害者と間違われ、通りすぎる車のドライバーから「ちょっと！　気をつけて運転しなさい！」と説教をされたり、横たわっているけものがまだ息をしているようなこともあり、本当にやるせない気持ちになる。子どものサルが事故に遭った現場へ行った際は、死体にはまだ温もりがあり、道路脇の木の上から静かに見つめている親ザルたちの視線が背中に突き刺さってくるように痛く感じられた（写真12）。

このように、何度もこうした現場へ足を運んでいるうちに、事故の起きている場所がけっこう重なっているように思えてきた。そこで、平成十一年度からは、死体を回収しなかった場合も含めて、できるだけ多くのロードキル情報を記録として残すようにしている。ただし、範囲が広いととても対応しきれなくなりそうだったので、当面は博物館を中心とした周辺に

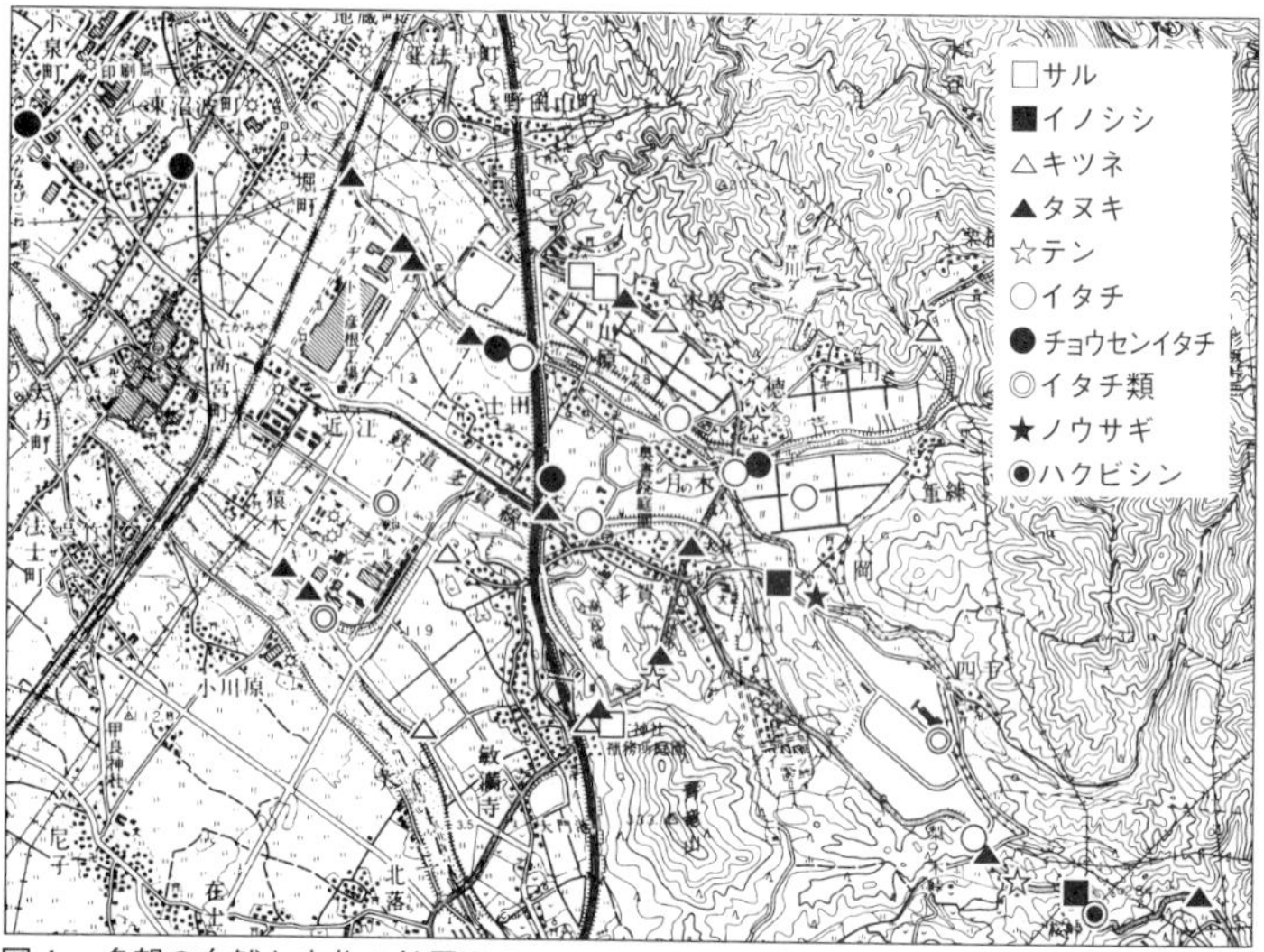


図4　多賀の自然と文化の館周辺のロードキルマップ
平成11年秋から平成15年春にかけての3年半の間に、確認しているだけで44件のロードキルが発生している。

限定して情報を収集することにした。十一年度以前の情報も把握している限り盛り込んで地図上にプロットしたものが、図4だ。この図からは、〝ロードキルはどこでも同じように発生しているのではない〟ということが見て取れ、まったく起きていない所と、近い場所で何件も起きている所とが、かなりはっきり区別できる。特に頻繁にロードキルが発生しているのは〝川沿いの道路〟や〝森や山の縁《へり》に接して伸びる道路〟、そして〝峠を抜ける道路〟に限られている。こうした立地は、事故の被害者となったけものたちの分布や生態と深くかかわっているようだ。

まず、芹《せり》川や犬上《いぬかみ》川などにそって造られた〝川沿いの道路〟について考えてみよう。ここで被害者となっているのはイタチやチョウセン

写真13　犬上川左岸の河辺林内（彦根市八坂町）にあるキツネの巣

犬上川の河辺林内にはキツネのほかにタヌキやアナグマ、チョウセンイタチなども生息している。また、周辺では時折サルやイノシシも目撃されており、河辺林が山地からのびるけものたちの移動のルートになっていると思われる。

イタチ、タヌキ、キツネなどである。彼らはしばしば川沿いにわずかに残された森林〝河辺林〟や河川敷にねぐらを作り、川沿いを移動のルートとして利用している（写真13）。そして〝川沿いの道路〟を横断する際に被害に遭うのだろう。

また、道路がけものたちの移動ルートと交差しているという点では、〝峠を抜ける道路〟も〝川沿いの道路〟と似通った立地をしていると言えそうだ。峠や尾根筋にはけもの道がたくさん見られ、その多くは道路を横切っている。ただし、こうした場所ではイタチやタヌキに加え、川沿いの道路ではあまり見ることのないイノシシやテン、ハクビシン、サルなども被害に遭っている。

一方、〝森や山の縁に接している道路〟ではどうだろうか。イタチ、タヌキ、キツネ、テン、サルといった顔ぶれは、いずれも道路が接している森に生息しているけものたちで、その脇の道路で交通事故に遭うのも当然の成り行きに思える。しかし、事故の背景はそれだけではない。本来、森の中にいるテンやサルには、森から出て道路を横断してまでわざわざ平地に足を運ぶ理由はないはずだ。事故現場から目を移してみると、道路を挟

写真14　多賀町木曽をはしる国道306号

道をはさんで、「山から続く森」と「カキの木が植えられた畑」が向かい合っている。

写真15　多賀町木曽の国道306号の路上に横たわる瀕死のサル

頭部から胸部にかけて大怪我をしていたが、駆けつけた時にはまだ息をしていた。口からのぞいている白い物は大豆だ。写真12の事故現場にも近い。

んだ平地には畑が広がりカキの木が植えてあったりする(写真14)。彼らは、畑の作物や果物を物色するために道路を横断しようとして事故に遭ってしまったらしい(写真15)。この想像を裏付けるように、遺体を剖検したところサルの胃の中からは大根や大豆、柑橘類の種が、テンの胃の中からは柿の実の一部が出てきた。エサでおびき寄せて殺す……。けものの側から見ると、計らずもこの道路の立地条件は洗練された罠としての機能を備えてしまっているようだ。

また、ロードキルが発生している時期についてはどうであろうか。事故件数がそれほど多くないので、図4に示した情報からだけではまだ十分なことは言えそうにない。それでもあえて、事故件数の最も多いタヌキ(一三件)について、ロードキルが発生した件数を月別のグラフにしてみた(図5)。すると、十月に最も多くのロードキルが発生しており、その前後の九月、十一月も含めると全体の半数以上の八件の事故がこの時期に集中していた。実は、この時期にタヌキのロード

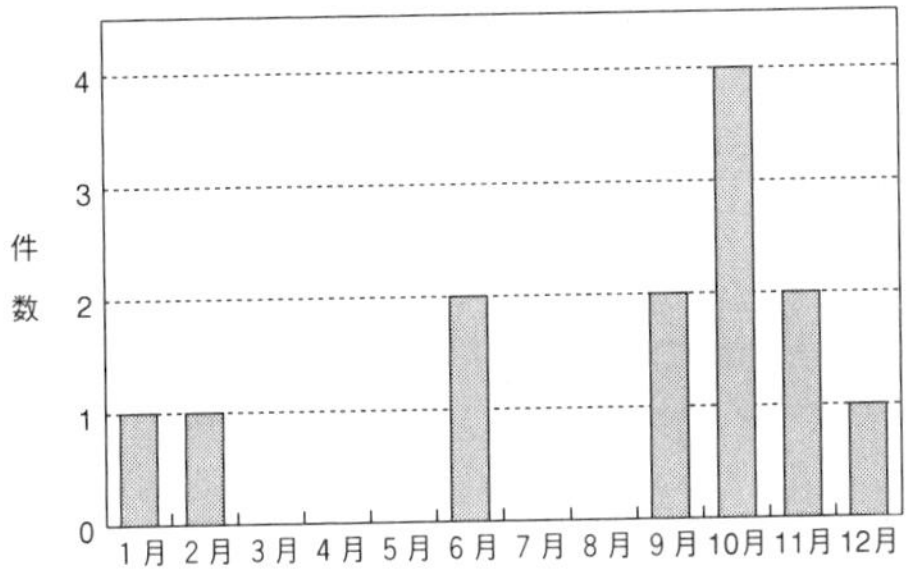


図5　多賀の自然と文化の館周辺におけるタヌキのロードキル月別発生件数
平成11年秋から平成15年春にかけての3年半の間の発生状況。

キルが増えることは全国各地で報告されており、親離れをしたばかりで経験の少ない若い個体が、親元を離れて分散していく際に事故に遭うのではないかと考えられている。確かに九月～十一月に確認したタヌキの死体は、歯があまり磨り減っていない〝若い個体〟が多かったように思う。しかし、怪我《けが》をした野生動物の治療にあたっている獣医さんの中からは、〝イネ刈りの時期が影響しているのでは…〟との意見が上がっており、車の通行量の変化なども含めて人間の活動にもロードキルの発生時期に関係しそうな要素はないかあらためて検討する必要もありそうだ。

## エコロードはけものたちを救えるか

このように多発するロードキルに対して、けものたちの生命の尊重や道路の安全確保を望む声は大きい。もし、ロードキルが一律にどこででも発生しているのなら、その対策を立てるのはとても困難になる。しかし、前に述べたように、ロードキルが発生しているのは特定の場所に限られているので、そこに生息するけものたちの動きを読み、対策を講じればある程度事故の発生を抑えることができそうだ。けものたちが道路上を横断しな

写真16　ドライバーに動物の飛び出し注意を促す警告標識（主要地方道小浜朽木高島線：朽木村野尻）

写真17　森を貫いてはしる道路の下に設けられたアンダーパス（主要地方道小浜朽木高島線：朽木村野尻）
けものたちの利用状況を調べるため、ロボットカメラを使用したモニタリング調査が続けられている。

くても道路の反対側へ行けるようにするための通路（陸橋状の通路：オーバーパス、トンネル状の通路：アンダーパス）や進入防止柵、けものが道路を警戒するように促すための反射板や発光体、また、車を運転しているドライバーに注意を促すための警告標識（写真16）や、ドライバーがけものを発見しやすくするための夜間照明などがそれだ。このような工夫がほどこされた道路はエコロードなどと呼ばれ、〝けものたちと共存できる自然にやさしい道路〟として普及しつつある。県内でも他に先駆けて、主要地方道・小浜朽木高島線の道路改築にあたり大掛かりなアンダーパスが設置されたり（写真17）、計画路線上にあった〝ぬた場〟に代わる〝復元ぬた場〟を設けたりといった試みがなされている。しかし、こうした工夫をするには、事前の調査も含め多くの時間とお金が必要になるため、すべての道路工事にあたって取り入れられるようにはなりそうもない。また、新たに道路を造ったり改築する場合以外に、ロードキルを防ぐ目的で、すでにある道路をわざ

写真18　ハクビシンの剥製（多賀の自然と文化の館所蔵）
多賀町梨ノ木にて収集された♂成獣（ＴＧＭ10012）。滋賀県初の確実な記録となった個体。

わざ造り変えるようなことは実際問題としてまず行われない。
けものたちの受難の時代は、まだ当分の間続くことになるだろう。

## 海外からの移住者たち

### 変なタヌキの死体

現在、日本に生息しているけものたち（クジラ類を除く）はおよそ一一二種類。そのほとんどが氷期（氷河時代）の海面低下により一時的にできた陸地（陸橋）を伝って大陸から渡ってきた者の子孫である。彼らは、その後、数万年の時間をかけて日本の自然環境へ順応してきた。ところで、ここにあえて〝ほとんど〟と書いたのには訳がある。実はすべてのけものたちがこうした道のりをたどって日本へやって来たわけではないのだ。では、島国の日本へどうやってやってきたのかというと、答えは簡単。船（あるいは飛行機）に乗ってやって来たのだ。

平成九年（一九九七）八月二十一日の朝、多賀町梨ノ木峠付近の国道三〇六号の路上で一頭のけものが車にはねられて死んでいた。状態が良かったので、その死体は〝妙にしっぽの長い変わったタヌキ〟として回収され、冷凍庫へ放り込まれ保存されることになった。この日たまたま休暇をとっていた私は、数日たってからこの時撮影された〝変わったタヌキ〟の写真を見せられ固まってしまった。写真には、このけものの鼻筋を通る白い毛がはっきりと写しこまれていたからだ。写真のけものは〝変わったタヌキ〟ではなく、県内ではこれまで見つかった例のないハクビシンだったのだ（写真18）。ハクビシンは、ハブとの対決ショウでよく相方をつとめさせられているマングースに近縁な、ジャコウネコ科に含まれるけものだ。本来はインドや東南アジアから中国南部、台湾などに生息している動物なのだが、こうした地域から遠く離れた日本でも、北は北海道から南は九州に至るまで各地で生息が確認されている。しかも、年を追うごとに報告は増え、分布域を拡大しつつあると考えられている。滋賀県でも、初の記録となったこの一件の後、朽木村、びわ町、湖北町、長浜市、米原町など各地からハクビシンの生息情報が寄せられ、今では琵琶湖を取り囲むように県内のほぼ全域に分布していると推定されている。

　ハクビシンは、どのようにして滋賀に、そして日本に入ってきたのだろうか。近隣では、岐阜県、愛知県、福井県、大阪府、そしてはっきりしないが三重県

写真19　チョウセンイタチ（多賀の自然と文化の館所蔵）
多賀町中川原にて収集された♂成獣（ＴＧＭ10084）。ロードキルで死亡した個体。

写真20　イタチ（多賀の自然と文化の館所蔵）
多賀町久徳にて収集された♂成獣（ＴＧＭ10109）。ロードキルで死亡した個体。

からも報告例がある。特に、岐阜県や愛知県ではかなり以前から生息が確認されており、関ヶ原を抜けて滋賀県内へ侵入した可能性も考えられる。しかし、短い期間のうちに広い範囲にわたって確認されるようになったため、侵入ルートについてはよくわかっていない。なお、ハクビシンを在来のけものではないかと考えている研究者も少数いるが、分布が不連続なモザイク状で、現在もなお拡大しつつある状況などから、外来のけものとみてほぼ間違いない。実際、国内で確認されたハクビシンの確実な記録は、昭和元〜二年（一九二六〜二七）頃に香川県で捕獲された例までしかさかのぼることができない。さらに、福島県、静岡県、愛媛県、徳島県などでは戦前にタイワンタヌキとかハクモウテン（いずれもハクビシンの別名）と呼ばれるけものが毛皮を得るために養殖されていた記録が残っており、これらの記録はハクビシンが毛皮獣として輸入され、後に放逐された可能性が高いことを物語っている。

## チョウセンイタチからの挑戦

ハクビシンとほぼ同じ時期に、同じようないきさつで国内に持ちこまれ定着していったけものにチョウセンイタチ（写真19）がいる。チョウセンイタチは、本来、中国や台湾、朝鮮半島、対馬などに分布しているが、昭和初期に阪神地方に毛皮獣として持ちこまれたものが逃げ出し、現在では西日本各地（九州、四国、愛知県以西の本州）にも広く分布している。ところがややこしいことに、日本にはもともと在来種のイタチ（写真20）が生息していた。イタチとチョウセンイタチでは、チョウセンイタチの方がやや大型で尾が長い（尾率五〇％以上）といった違いがあるが、野外で動き回っている姿を目撃しても、区別するのはまず不可能だ。おまけに、人の顔や背丈が皆違うように、イタチもチョウセンイタチも尾の長さや体の大きさに個体差があるので、持ちこまれた死体を前に考え込むようなこともしばしば起こる。イタチとチョウセンイタチの区別ができなくて博物館の職員が悩む程度のことはたいした問題とは言えないかもしれない。しかし、私たちの気づかないところで、もっと根深く複雑な事態がゆっくりと進行しているかも知れないのだ。

ここで、前出のロードキルマップ（図4）にもう一度目を通していただきたい。この図の中には、イタチ、チョウセンイタチ、イタチ類の三種類に区別したロードキルの発生地点が示してある（〝イタチ類〟は死体の状態が悪いためイタチかチョウセンイタチか区別することができなかった場合の表記）。すべて合わせても一五件たらずの情報にすぎないが、それでもこの図からは、イタチとチョウセンイタチの現在の分布の傾向を読み取ることができる。イタチは山地から丘陵に、チョウセンイタチは平野部にと、かなりはっきり生息場所が分かれているのだ。地元の方への聞き取り調査によると、平野部にはチョウセンイタチが国内に持ちこまれるよりも前から〝イタチ型のけもの〟（イタチとしてもよいだろう）が生息していたそうなので、いつのまにか平野部からはイタチが姿を消して、チョウセンイタチに入れ替わってしまったということになる。つまり、イタチはチョウセンイタチからの〝挑戦〟に敗北し、領土の一部（平野部）を明け渡して山地や丘陵に立てこもっているようなのだ。平野部ではチョウセンイタチが、山地や丘陵ではイタチが生息しているという状況は、イタチとチョウセンイタチが同所的に分布している西日本各地で報告されているが、両者の間でどのようなことが起きているのかはまだ不明な点が多い。これまでイタチが生息していなかった地域へチョウセンイタチが入りこんで分布しているケースも報告されているが、生態も食性も似かよった両者が同じ場所で生息していて競合しないはずはない。体つきも大きく、繁華街でゴミあさりもするという図太い神経のチョウセンイタチが、イタチを追い出して居座るのは当然のなりゆきである。

これだけ分布を広げた今となっては、チョウセンイタチをすべて捕獲するようなことはまず不可能だ。チョウセンイタチは、今後東日本へも進出してゆくのだろうか。そして、対するイタチは、さらに山奥へ追い上げられるのか、それとも巻き返しに出るか。火種をまいた当事者である私たちには、もはや、この戦いの行方をただ見守ることしかできない。

## 逆襲のラスカル

人は、けものを、ある時は肉や毛皮を得るために利用し、そしてまたある時はペットとしてかわいがる。ハクビシンやチョウセンイタチのように、毛皮獣として持ちこまれたいきさつに比べれば、ペットとして日本への入国を果たしたものたちの未来は明るいように思える。でも、毛皮獣であれペットであれ、人間にとっていらなくなったけものを待ちうけていた運命はまったく平等だっ

写真21　多賀町大君ヶ畑で捕獲されたアライグマ（種村和子氏撮影）
1990年頃、多賀町大君ヶ畑の集落内で捕獲された。

たようだ。
昭和五十二年（一九七七）に放映されたテレビアニメーションに「アライグマラスカル」という番組があった。主人公の少年のペットとして飼われていたアライグマ〝ラスカル〟は、ブラウン管越しのかわいいしぐさで子どもたちの人気を集め、アライグマの知名度は急上昇する。遠いアメリカ大陸に生息しているということもあり、当時、国内ではアライグマがどのようなけものであるか、ほとんど知られていなかった。ラスカルのかわいいイメージや、他の人が持たない珍しいペットへのあこがれから、「アライグマラスカル」の放映以後ペットショップでアライグマを買い求める人の数は激増したという。ところが、かわいい友達となってくれるはずだったアライグマたちはとんでもない〝猛獣〟だったのだ。手先が器用で、何でも勝手に開けてしまう。人馴れせずに、飼い主に牙を向く。アライグマを飼育することがどれほど大変なことか、今ではよく知られているが、この当時アライグマを飼い始めた人の多くに、そんな覚悟はできていなかったに違いない。アライグマ〝ラスカル〟は、物語の終わりに主人公の少年の手によって仲間のアライグマが住む森の奥深くに放された。一方、アライグマの凶悪ぶりに気がついた日本の〝ラスカルの飼い主たち〃も、主人公の少年と同じ行動をとることにしたのだった。こうしてアライグマたちは続々と日本の山奥深くに放されていった（あるいはその手先の器用さゆえに、脱走したものもいたことだろう）。もちろん、そこはもともとアライグマなどいるはずもない場所である。幸運（?）なことに、現在、日本の山野にはアライグマの天敵になるようなけものはいない。そして、そこには彼らが十分生活していける環境が用意されていた。

写真21は、多賀町大君ヶ畑で偶然捕獲された、そんな一頭のなれの果てである。今のところ県内のアライグマの生息情報は、多賀町のほか浅井町、朽木村など数件にとどまり、どのくらいの数がどのように分布しているのかはよくわかっていない。しかし、近隣の三重県、愛知県、岐阜県などでも生息が確認されており、とりわけ岐阜県では相当な数が生息している模様だ。また、神奈川県の鎌倉市周辺では、増えた〃野良アライグマ〃が人家に入りこみ家の中を荒らしまわるようなことが頻繁に起こり、社会問題にまでなっている。滋賀の山野に放された〃ラスカルたち〃が逆襲してくる日もそう遠くないかもしれない。

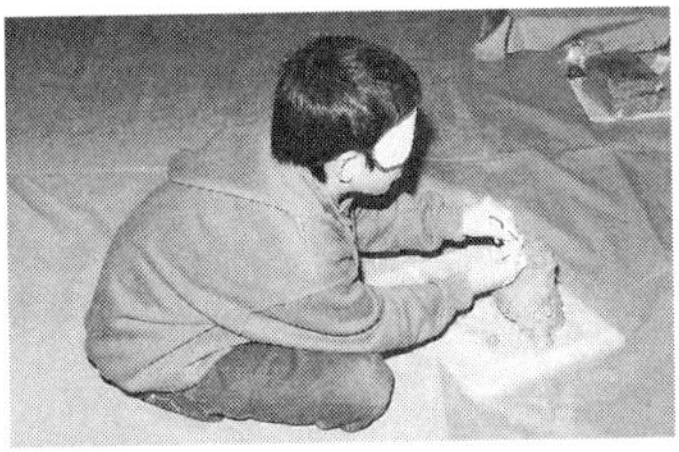

写真22　目隠しをしてタヌキ像の制作に取り組む児童（大槻倫子氏撮影）
滋賀県博物館協議会研修会「開けミュージアム！子どもたちとともに」（平成14年11月21日開催）の際に、草津市立笠縫東小学校の４年生の児童を対象に実施された粘土を使ったワークショップ。

写真23　ワークショップで児童が制作した粘土のタヌキ（大槻倫子氏撮影）

## けものと人とのこれから

平成十四年（二〇〇二）の秋、草津市のとある小学校で公開授業を見学する機会があった。〝目隠しをして自分の心に浮かんだイメージだけをたよりに粘土でタヌキを作る〟という美術系のプログラム（写真22）であったが、できあがった作品を見て驚いた。小学四年生九〇人の作り上げた粘土のタヌキは、九割が二本足で直立している信楽焼の置物のイメージで作られていたのである（写真23）。子どもたちに話を聞いてみると、タヌキが〝四つ足のけもの〟であることを知らないわけではないのだが、ほとんどの子はこれまで生きているタヌキの姿を見たことがないという。実物を見た経験がないのだから無理もないことかもしれないが、信楽焼をはじめとするキャラクター・タヌキの存在感が、現実のタヌキのそれを圧倒してしまっているのだ。言うまでもなく、こうした実情は小学生に限ったことではない。都市部に住む多くの人びとは、日常の中でけ

## 多賀のけもの　情報カード

調査は、この「多賀のけもの情報カード」にご記入いただだ情報を集めて進めています。①～⑤の質問についてご記入いただき、博物館へファックスしていただくか、直接窓口にご持参下さい。また、電話で連絡していただいても結構です。

連絡先　多賀の自然と文化の館（博物館）
電話：48－2077　ファックス：48－8055　有線：2－2077・有線ファックスも同じ番号です

①出会った動物の種類を教えて下さい。
（多賀のけもの図鑑のイラストを参考にしてください）
A：シカ、B：カモシカ、C：イノシシ、D：サル、E：キツネ、F：タヌキ、G：アナグマ、H：テン、I：イタチ、J：ウサギ、K：ムササビ、L：リス、M：ハクビシン、N：その他
②出会った頭数を教えてください。
③いつ頃出会ったか教えてください。
1：今年～去年、2：2年～10年くらい前、3：10～30年前、4：30年よりもっと前
④どこで出会いましたか？
字の名前と、地図のメッシュ番号をご記入下さい。メッシュ番号は多賀町メッシュ地図から読み取って下さい。
⑤出会った時の様子はどうでしたか？
子どもを連れていたとか、交通事故の死骸だったとか、出会った動物はどんな様子でしたか？

| 出会った動物の種類 | 出会った頭数 | 出会った時 | 出会った場所 | メッシュ番号 | 出会った時の様子 |
|---|---|---|---|---|---|
| （例）イノシシ | 5 | 1.去年の秋 | 下水谷 | F－6 | 親2頭子ども3頭で歩いていた。 |
| イノシシ<br>サル | 4<br>10 | 毎年この時期<br>H12年4月と5月 | 木曽竹ヤブ | D－7 | イノシシ親子4頭<br>サル10頭 親子 |
| イノシシ | 4 | 毎年この時期<br>H12年8月秋 | 曽我山<br>田そば山 | D－7 | 親2頭<br>子供2頭 |
| キツネ | 1 | H10年冬 春 | 国道306号 | D－7 | 死んでいました。<br>大人の様でした |
| アナグマ | 2 | H4年春 | 屋敷 | D－7 | 何かに追はれて井戸にはまっていた<br>床の下で一晩くるんで朝死んでいました。 |

その他に動物に関係することでなにかありましたらお聞かせ下さい。

シカも秋になると鳴声はききます 前みたいに山をかけ廻らない。
サルが秋になると山で大勢暮しているのでこわい位です。
サルやイノシシで竹の子の出始めは食べられません

何とかして下さい。

図6　けもの分布調査アンケート調査票への回答例

多賀町木曽にお住まいの方による回答。多賀町木曽は山と平野部との接点に位置しているため、さまざまなけものたちが姿を見せる。サルやイノシシによる農作物への加害も頻繁に起きている。

写真24　多賀町大岡に出没したサルの群れ
爆竹などで追い払ってもすぐにまたやってくる。特に、山の餌が少ない春先は田畑周辺に姿をみせることも多い。

写真25　サルたちが去った後
収穫を間近に控えていた畑の大根は、めちゃめちゃにされてしまった。

ものたちと接する機会などほとんどないと言ってよいだろう。接点がないのだから知らなくて当たり前だし、知らなくても困ることは何もない。いくら身近な山野に生息していようとも、これでは遠い惑星の生物とまったく変わらない。今や、けものたちは輪郭のぼやけた存在でしかないのかもしれない。

その一方、山間部や山沿いの集落では、今でも人とけものたちとが日常的に〝やりとり〟を続けている地域が多い。図6は、けものの生息状況をアンケート形式で調査した際の回答の一例であるが、この調査票にはそうした〝やりとり〟がどのようなものかがよく示されている。山間部や山沿いの農村では、サル、イノシシ、シカなどのけものが頻繁に農地に出没する。彼らのねらいは、田畑に植えられている作物や農地周辺に生えている雑草だ。けものたちは、はばかることなく田畑の作物を食べ散らかし、踏み荒らして去って行く（写真24、25）。こうした地域の農家の多くは、日々けものたちの攻撃から作物を守ることに心をくだいているのである。このように、一年間に滋賀県全体でけものたちが農作物

写真26　多賀町土田の水田わきに仕掛けられた檻で捕獲されたキツネ
アイガモ農法を取り入れていた水田でアイガモを襲った犯人らしい。キツネが鳥を捕まえて食べるのも、人が鳥を飼うのも、特別なことではないはずなのだが共存への道は険しい。

や植林に与えている損害は、莫大な金額と広大な面積にのぼる（平成十三年度の農作物の被害総額が一億九千万円、植林の被害総面積が一六六・六ヘクタール：滋賀県農政水産部農産流通課と同部森林保全課によるデータ）。農家や林家にとって、こうしたけものたちは生活をおびやかす〝害獣〟以外の何ものでもない。

二十世紀は、科学技術がめまぐるしく進歩し、私たちの生活スタイルも大きく変わった一〇〇年であった。しかしその一方、山野は植林地の拡大やダム・林道の整備などですっかり変貌し、けものたちの生息環境は悪化と縮小を重ねていった。そして、今では人とけものたちとの関係は希薄になり、軋轢ばかりが目立つぎくしゃくしたものになっている。けものたちは、太古から連綿と続けてきた営みを同じように繰り返していただけだ。状況を変えたのも、自ら変わったのも、〝人〟の方ではなかったか。豊かで便利な生活を追い求める中で、残念ながら私たちは大事な何かを見失ってしまったのかもしれない。

滋賀のけものたちの未来はどうなるのだろうか？　その運命は私たちの手にゆだねられている（写真26）。そして、〝今、けものたちとどう付き合うか〟が私たちの子孫に少なからず影響する問題であることを忘れてはならない。

# 野洲川下流域のけものと人びと

高橋春成
（奈良大学）

私が育った野洲川の下流域は、県下でも有数の水害地帯で、祖父母や両親から幾度となく水害の話を聞いてきた。ここには水害を防ぐために造られた長大な堤防があって、子供のころ友達とよくそこで遊んだものである。堤防の木々にはカブト（カブトムシのこと）やオニ（クワガタムシのこと）がいて、川では魚つかみや水泳ができた。

堤防にはまたキツネやウサギなどもいて、家にいるとキツネの鳴き声が聞こえもした。祖父母や両親からキツネの嫁入りの話やキツネに人がだまされた話を聞き、子供心にキツネとは不気味なヤツだナ、と思った記憶もある。また、学校の先生だった両親が話す学校行事としてのウサギ狩りの話をワクワクしながら聞いたことも覚えている。

これらは私にとって、故郷の原風景となっている。ここでは、このような私の故郷である野洲川の下流域を舞台に、そこにくりひろげられてきたけものと人びとのかかわりをとりあげてみたい。

# 水害と堤防

## 水害地帯

野洲川の下流域（図１）は、たびたび野洲川の出水による被害をこうむってきた。写真１は、昭和二十八年（一九五三）九月の台風十三号がもたらした大雨による水害時のときのもので、濁流につかった村のなかで行なわれた田舟を使った救援活動を撮ったものである。この台風がもたらした雨量は県平均一七二ミリ、台風の最大瞬間風速は二九メートル／秒であったが、山間部での降雨量が多かったため河川の決壊や出水が多発し、下流域に大きな被害がでた。

野洲川の堤防が決壊したところでは、そこから濁流が押し寄せ、多くの田畑や家屋が水につかった。村のなかに押し寄せた濁流の水位は一二〇センチにもなり、家々の電燈はともらず電話も不通となった。村中が濁流に呑み込まれたところでは、連絡や救援活動に田舟が使われたのである。

## 堤防と竹やぶ

このような水害地帯にすむ人びとは、川の氾濫を防ぐために古くから堤防を築いてきた（写真２）。人びとの汗の結晶ともいうべきこの堤防は、高いところで九メートルにもなる。堤防を築いた人びとはさらに、堤防の周囲に竹やぶを育

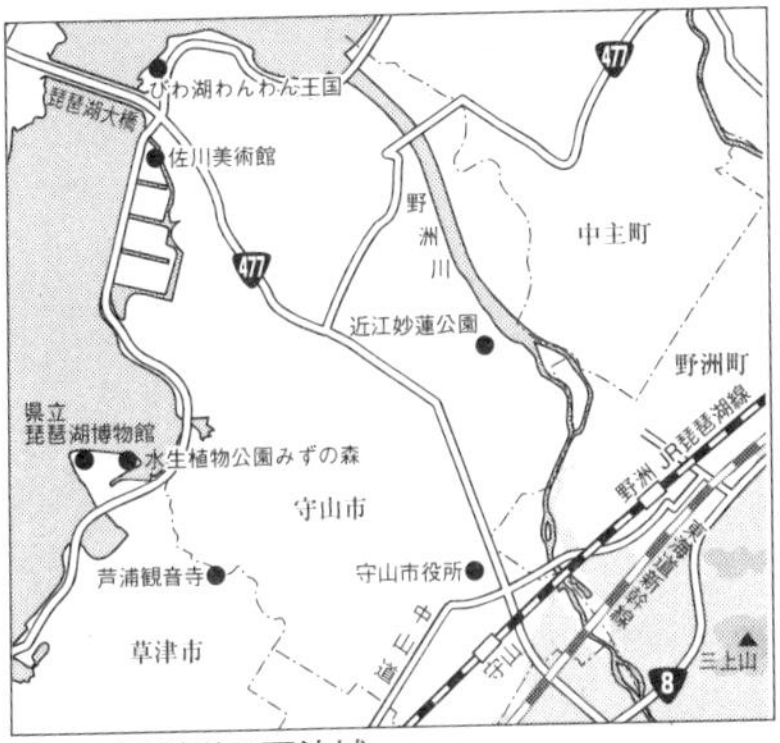

図１　野洲川の下流域

写真１　田舟を使っての救援活動

写真２　人びとの生活を守り、支えてきた堤防

写真3　堤防の竹やぶや河辺林は、けものたちの生活の場ともなってきた

てた。竹は地下茎を張るので、堤防が崩れないように補強するのに適していたからである。地震の時も竹やぶに逃げ込めといわれ、当地における竹やぶのもつ防災的役割は大きかった。

このような役割とともに、竹やぶは人びとの日常の暮らしのなかでさまざまに利用されてきた。流域の人びとは、竹やぶの手入れをしながら、そこからいろいろな生活資材や食料を得てきたのである。伐採したり刈り取った竹やぶの竹や雑木、倒れたり朽ちた竹やぶの竹や雑木などは薪《たきぎ》となった。また、洗濯ものを干す竿《さお》やみつまた、稲木《いなぎ》、畑や庭で用いられる竹の手（作物や花などの支柱）、田舟の棹《さお》、竹かごなどの材料、家のかべ下なども竹やぶから得ることができ、刈り取った下草は家畜の飼料などにされた。

夏になると、落ちたマダケの竹の皮が堤防一面を覆い、人びとはこぞって竹の皮ひろいをした。竹の皮は、弁当の包み、魚を煮る時の下敷き、ぞうりの材料になった。タケノコは、タケノコご飯、みそ汁、てんぷら、煮つけ、つくだ煮、酢みそあえなどに料理され、各家の食卓を賑わした。野洲川の堤防付近では、他にも春はヨゴミ（ヨモギのこと）摘み、スイスイ（イタドリのこと）採り、ツ

表1　山林原野に棲む動物（獣類）

| | |
|---|---|
| 速野村 | モグラ、コウモリ、ノネズミ、キツネ |
| 河西村 | ウサギ、ノネズミ、カワネズミ、タヌキ、キツネ、テン、イタチ、ムジナ、カワウソ、ノイヌ、ノネコ |
| 玉津村 | モグラ、コウモリ、ノネズミ、カワネズミ、タヌキ、キツネ、イタチ、ムジナ |
| 小津村 | モグラ、ウサギ、ノネズミ、カワネズミ、タヌキ、キツネ、テン、イタチ、ムジナ、カワウソ、ノイヌ、ノネコ |
| 守山町 | モグラ、ウサギ、ノネズミ、タヌキ、キツネ、テン、イタチ |

（郷土誌より）

クシ採り、秋はクリ拾いなどをする人びとの姿がみられた。

人びとが水害を防ぐために築いてきた堤防とその周囲にみられる竹やぶや河辺林は、このように流域の人びとの生活を守り支えてきたのであるが、ここはまたキツネやタヌキ、ウサギといったけものの生活の場ともなってきた（写真3）。これらのけものは、竹やぶや河辺林とその近辺の集落や農耕地周辺を生活の場とし、人びとと共に生きてきたのである。

## 一〇〇年前はカワウソもいた！

### 〝山林原野に棲む動物〟

いまから一〇〇年前の野洲川下流域のけものを、明治時代に作成された郷土誌からひろいあげてみた（表1）。とりあげた地域は、現在の守山市である。当時はいくつかの村と町に分かれていたが（図2）、そのなかの河西村や小津村にカワウソ（写真4）がいると記されている。

わが国のカワウソは高知県の南西部にわずかに生存の可能性が残されているものの、近年は目撃例がなく絶滅した可能性が高いといわれている。一〇〇年

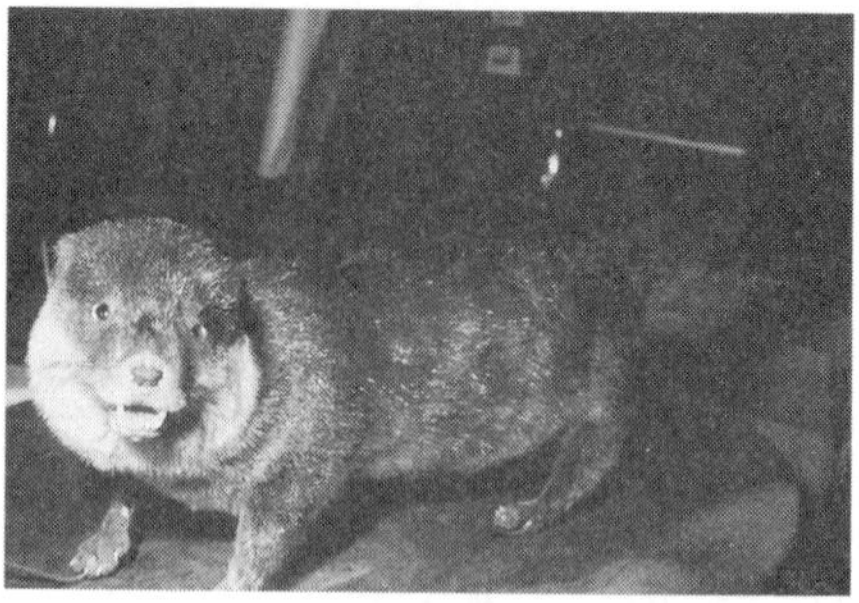
写真4　カワウソ（剥製、高知県、安藤元一氏提供）

前は、当地のどのようなところにいたのであろうか。

郷土誌のなかでカワウソは、〃山林原野に棲む動物〃と記されている。沖積平野がひろがる野洲川の下流域には、もちろん山地や丘陵はみられない。では、この〃山林〃はいったいどのようなところをいうのであろうか。実は、先に述べた野洲川の堤防とその周囲の竹やぶなどが〃山林〃とされたのである。

野洲川は、下流部で流れが二手に分かれ琵琶湖に流入してきた（図2）。これらは北流と南流と呼ばれたが、北流・南流ともに水害が頻繁に発生するところであった。そのため川の両側には堤防が高く積み上げられ、堤防の周辺には、マダケ、ハチク、モウソウチクなどの竹林、エノキ、ムクノキ、ナラガシワ、ヤナギなどの林がみられた。これらは堤防を強化し水害を防ぐ役割をになっていたため、過度に伐採されることがなかった。そのようなわけで、いわゆる山間・丘陵部の山林ではないが、ここはさながら〃山林〃の様相を呈していたのである。

〃原野〃は、多くは川べりや湖岸のヨシ、マコモ、ガマなどの生育地をさす。カワウソは、このような〃山林〃や〃原野〃を生息環境にしていたのである。

図２　明治期の野洲川下流域（現在の守山市周辺）
（明治42年測図　５万分の１地形図）

郷土誌には、他にもウサギ、カワネズミ、ムジナ（アナグマのこと）、テンといった、いまではいなくなったか極めて少なくなった動物たちも記され、一〇〇年前は生物相が豊かであったことがわかる。

## 〝家に棲む動物〟

郷土誌には、〝山林原野に棲む動物〟と並んで〝家に棲む動物〟の記載がある。〝家に棲む動物〟といってもイヌやネコのことではない。〝家に棲む野生の動物〟のことで、コウモリ、ネズミ、タヌキ、キツネ、テン、イタチなどがあげられている。〝家に棲む動物〟といった分類項目がつくられたということは、一〇〇年前は家のまわりに動物がたくさんいたということであろう。

当時は家のまわりに竹やぶや垣根があり、神社やお寺の境内にはこんもりとした森や茂みがあった。家のまわりの竹やぶや樹木は、燃料用の薪《たきぎ》や柴の供給源、農作業に必要な材料の供給源となり、カキ、クリ、イチジク、タケノコなどは食料になっていた。また、これらは防風や防暑の役割もになっていたため、人びとによる適度な利用のもとに推持されていた。

このようなところが、けものたちの生活の場となっていたのである。神社やお寺の床下や天井裏なども住みかになっていた。私の家は野洲川南流沿いの開発（洲本）にあるお寺であるが、このお寺の境内にはかつて鳩倉があり、一〇〇羽ほどのハトが飼われていた。ハトの糞は畑の肥料に良いとされ、門徒さんたちが鳩倉のなかにたまった糞を俵につめてもち帰っていた。またハトの卵は喘息に効くというので、もらいにくる人もいた。ところが、本堂の天井裏にテンが棲みついて、このテンが鳩倉のハトを襲うことがあった。両親の話によると、テンは本堂の天井裏を大きな足音をたてて走ったという。

## 学校行事として行われたウサギ狩り

### 大きな耳と目をもつウサギ

かつて野洲川の堤防沿いの竹やぶにはウサギが棲んでいた。ウサギは低地から山地にいたるいろいろな環境に適応するが、野洲川沿いの竹やぶも彼らの生息地となっていた。

ウサギは植物の葉、芽、枝、樹皮などを幅ひろく食べる。一年に数回の出産を行い、一回の産子数は一～四頭（通常二頭）である。しかし、キツネやイタチ、

写真５　跳躍するウサギ

ワシやタカなどの肉食の鳥獣に狙われるため、生きのびるのはたいへんだ。ウサギの大きな耳や目は、このような状況のなかで捕食者の接近をすばやく察知するために発達してきたといわれ、危険を察知した時は、すばやく跳躍し敵から逃れる（写真５）。

## ウサギ狩り

このようなウサギが棲んでいた野洲川の堤防の近くにある小学校や中学校では、学校行事としてウサギ狩りが行われていた。写真６は、野洲川の北流沿いの幸津川《さづかわ》にあった中洲尋常高等小学校で撮られた、昭和十三年（一九三八）当時のウサギ狩りの写真である。ここには、捕獲され足をくくられた数匹のウサギが写っている。この尋常高等小学校には母も通い、ウサギ狩りを体験した。

当時、ウサギ狩りは労働学習の一環として行われていた。冬季に行われたウサギ狩りは耐寒訓練にもなった。尋常高等小学校には、尋常科に六年間、その上の高等科に二年間の学業期間があったが、ウサギ狩りには尋常科の三年生以上と高等科の一・二年生が参加した。生徒たちは、事前に学校の講堂で、集合

写真6　ウサギ狩りで捕まったウサギ（中洲小学校提供）

場所、持参するもの、役割分担などの説明を先生から聞き、ウサギ狩りの日を楽しみに待った。

ウサギ狩りが行われた場所は、幸津川の稲荷神社から吉川の八町島方面にかけての野洲川北流の竹やぶである。ウサギ狩りは毎年冬に行われ、学校の年中行事となっていた。冬になって雪が積もると、三年生以上の生徒はそれぞれ竹の棒をもってウサギ狩りに参加した。

ウサギ狩りは、竹やぶを横切るように二重に張ったテニス用のネットにウサギを追い込んで行われた。ネットから三〇〇メートルほど離れたところに、ウサギを追い出しネットの方向に追い込んでいく者を一列に配置し、さらにネットとこれらの者の間の両側に、追い出されるウサギが横に飛び出して逃げるのを防ぐ者を配置した。ウサギ狩りにはこのような役割分担があった。そして、それぞれが配置につくまでは、ウサギに気づかれないように極力静かに行動する必要があった。ウサギの生息地を外側から遠巻きに包囲し、準備が整うと、いよいよはじまりである。

まず合図で、追い込む者たちが一斉に「ワアー、ワアー」と大声を出しながら竹の棒で竹やぶの竹をたたいて、ウサギをネットの方向に追い立てる。そしてほぼ同時に、両側をかためた者も順次大声を出し、手の届く範囲の竹やぶの竹を竹の棒でたたいてウサギがうまくネットの方向に向かうように誘導する。

大声と、竹と竹のぶつかるパンパンという音で、まわりはさながら戦場のようになる。このような喧騒のなかで、運悪くネットにからんだウサギが捕まえられる。

野洲川の堤防の竹やぶを舞台としたウサギ狩りは、冬季の生徒会野外活動の一環として、父の勤めていた中主中学校でも行われていた。昭和三十年（一九五五）から四十年頃にかけての話である。ここでは、竹やぶに張ったテニス用のネットに両側からウサギを追い込んだ。捕獲されるウサギは三～四匹ぐらいで、捕まえたウサギはウサギご飯にしたり業者にわたし処分した。

昭和三十年代までは、近畿地方の他の小学校や中学校でも冬の耐寒訓練などとしてウサギ狩りを行なうところがあり、その光景はめずらしいものではなかった。ウサギ狩りを体験した人びとは、その時の楽しさや興奮を鮮烈におぼえていて、いまでも当時のようすを目を輝かせて話してくれる。自然のなかで直接にウサギと向かい合った体験は、自然を理解する貴重な経験でもあった。

滋賀県では、学校教育のなかで昆虫や水棲生物を中心とした生きものとの共存にむけての取り組みが盛んに行われ、全国的な評価を得ている。しかし、けものを対象にした取り組みは少ない。けものを対象にするのは困難を伴うことが多いが、そこからは迫力がありゴツゴツした自然を丸ごと感じることができる。これからは、是非けものにも興味・関心をもってほしいと思う。そして、そんな時、かつて行われていたウサギ狩りのことを思い出してほしい。

私の妻は、地域の子供たちに絵本の読み聞かせをするボランティアをグループで行っているが、けものを題材にした絵本はけっこう人気があるという。この人気者のけものを、自然のなかでうまく子供たちに体験させることができれば、子供たちの興味・関心はうなぎのぼりになるであろうというのが妻の持論である。

# 民間信仰や言い伝えのなかのキツネ
## ―キツネは神の使者？　それとも人をだます動物？―

### キツネの信仰

わが国には、古くからキツネを農耕神の仮の姿、あるいはその神の使者とみる見方がある。キツネが農作物に多大の被害を与えるネズミを捕ってくれるところから、有り難い存在として崇められてきたのである。このような民間信仰のもとでは、農耕地をみおろす小高いところをキツネ塚とし、そこにお供物がそなえられてきた。

野洲川の下流にひろがる田園にも、このような塚がみられる。守山市の言い伝えを集めた「守山往来」と「続守山往来」のなかに、キツネ塚のことが書かれている。「ニワ塚というのがありますがな。六畝ほどの塚で。キツネ山、ケンケンさん山いうて。金神社の祭礼のとき、かならずおさがりを持って行ったもんや」（金森）、「ケツネ山（キツネ山）に稲荷さんをまつってありました。常《つね》さんがお守りをしてきました」（古高）といった話である。金森のニワ塚は、五世紀中

写真7　キツネ山

頃に造られたといわれる庭塚古墳のことで、当地ではこの小高い古墳がキツネ山と呼ばれてきた（写真7）。

またここでは、農作物の豊凶をキツネの鳴き声によって予知しようとする慣習もみられた。キツネがコンコンと鳴くと豊作だとされ、ワイワイと鳴くと不作だとされた。「笠原の堤防には、ようけキツネがおってな、霜が降りるころ、コンコン、コンコンちゅうて鳴きよると豊作、ワイワイちゅうて鳴きよると不作やちゅうて聞かされとりました」（笠原）、「霜のきつい晩によう鳴きよりました。コンコン鳴くのはオス、ワイワイいうのはメスで、メスが鳴きよると不作やいいますがな」（美崎）といったような話がきかれる。キツネは冬季に交尾をし、オスはコンコン、メスはクワイクワイと繰り返し鳴くのであるが、人びとはそのことを知ってか知らずか、この時の声を聞いて農作物の豊凶を占ったのである。

## キツネにだまされる話

キツネは神様の使いであったり、農作物の豊凶を占う対象であったりしたが、一方でキツネにだまされたり、ばかされるといった話も多く伝わっている。

このような話である。

・花嫁がシッポを振って嫁入りの化粧をしているのをみて、その方に気をとられているうちにもっていた重箱をとられた。
・酒に酔って帰る人が、キツネにだまされてお土産の食べ物をとられた。
・夜、家に帰るつもりで道を歩いていたはずなのに、気がついてみると川のなかにいた。キツネにだまされたにちがいない。
・親戚でご馳走をもらって、自転車の後ろに積んで夜更けに野洲川の堤防を越えて帰ると、荷物のひもがほどけてご馳走がなくなっていた。自転車で走っている時、何かが後ろに乗ったような気配がしたが、キツネだったのでは……。

キツネが人をだますといった見方は、わが国古来のものではなく、中国の狐《こ》妖《よう》と呼ばれる化け物の話の影響を受けている。中国にはキツネが女にばけて男をたぶらかすといった話があり、それがわが国に伝わり、だます動物としてのキツネのイメージができていったのである。

わが国では古来キツネは神聖な動物として崇められてきたが、後世になり人をだますという見方がひろがったのである。野洲川の下流域では、これら両方の見方が混在する。しかし、いずれにしても野洲川下流域の堤防や集落・農耕地周辺に棲みついたキツネが、人びとと深いかかわりをもってきたことがわかろう。

人びとにとってキツネは、ただの動物ではなかったのである。今日では、キツネに対するこのような見方や言い伝えは〝迷信〟としてかたづけられること が多いが、このような動物とのかかわりを地域の文化や民俗として大切にしていく必要があろう。

最近、滋賀県では「生きもの総合調査」が実施され、そのなかで絶滅危惧種や移入種といったカテゴリーとともに郷土種のカテゴリーが設けられた。私はこの総合調査の哺乳類部会に属していたので、さっそくキツネやタヌキを郷土種として選定してはどうかと提案し、承認された。いまの世のなか、人びとの関心は絶滅危惧種や移入種に偏りがちだが、生きものとの情緒豊かなつきあいを築いていくことも大切である。

写真8　整地される堤防。竹やぶが掘り返され、地下茎や根がうずたかく積まれている

# 河川改修とけものたちの未来

## 河川改修と堤防周辺の整地

野洲川下流の水害地帯では、昭和二十八年（一九五三）の大水害をきっかけに、水害を未来永劫にわたってなくすことを目標とした河川改修計画がもちあがった。この計画は昭和四十年代にはいって実行され、下流で二手に分かれていた北流と南流の間に新しい放水路を掘削する大規模な河川改修工事がはじまった。新放水路（図3）は昭和五十四年（一九七九）に通水し、北流と南流は廃川となった。それを受けて、北流・南流の堤防の整地が進められてきた（写真8）。

整地された堤防の跡地は、新放水路によって失われた耕作地の代替地となったり、公園整備のために姿を変えており、かつての堤防と竹やぶや河辺林は、いまでは一部に残存するのみである。

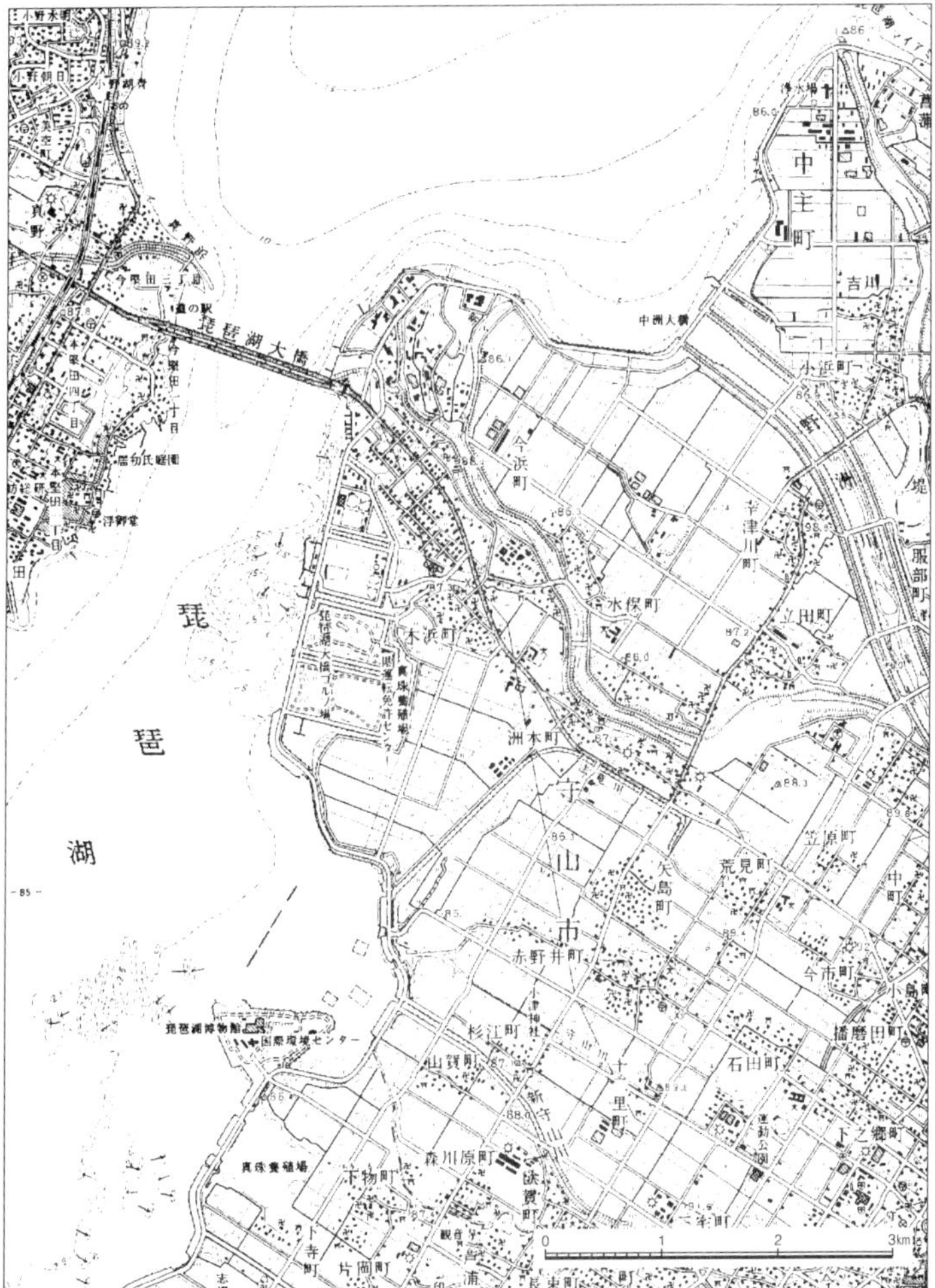


図３　現在の野洲川下流域。河川改修によって、南流と北流の間に新しい放水路が造られている　（平成11年修正　５万分の１地形図）

## 里中《さとなか》に追い出されるけもの

野洲川下流の堤防の整地がはじまり、竹やぶや河辺林がとりはらわれるにしたがって、姿を消していったのがウサギである。整地がはじまるまではウサギの姿がみられたが、いまではウサギの姿をみかけることはなくなった。

キツネは、生息地がせばまるにしたがって、集落周辺に出没する傾向にある。そして、キツネが民家のニワトリを食べたり、畑のトウモロコシなどを荒らしたり、湖岸の料亭の残飯をあさったりすることが多くなっている。このようなキツネに対しては、駆除願いが出され、たとえば平成六年（一九九四）に守山市で五頭のキツネが捕獲された。

キツネはウサギ、ネズミ、鳥類、爬虫類、昆虫、果実などを食べるといわれるが、キツネにとって、主要な餌となってきたウサギがいなくなったことは大きな問題であっただろう。堤防周辺にいたキツネが、餌を求めて集落周辺に出没するのは、生息地の縮小と餌となるウサギがいなくなったことなどが背景にあるのであろう。

タヌキもまた里中に追い出されている。竹やぶがなくなった笠原では、近頃タヌキを里中でよくみかけるようになったという。民家の庭先や軒下、近所のやぶなどでタヌキをよくみるというのである。タヌキの食性は雑食性で、果実、昆虫、ミミズなどを食べるといわれるが、タヌキもまた堤防周辺の生息地が縮小するなかで里中に出没するようになっているものと考えられる。

### 縮小する堤防周辺の生息地

#### 稲荷神社に棲みつくタヌキ

写真9　稲荷神社の裏の竹やぶに棲むタヌキ

写真9は、幸津川にある稲荷神社の裏の竹やぶに棲むタヌキである。この神社は、野洲川の北流が蛇行して流れていた堤防の脇に建立されている。ここは、勢いよく流れる水が堤防にぶつかるコーナーであったため、よく決壊した。そのため、防災祈願をこめて稲荷神社が建立されたのである。

堤防の整地によって、このあたり一帯の堤防や竹やぶはすべてとりはらわれていったが、この神社の周辺だけは手が加えられなかった。そして、稲荷神社に守られるように、せばめられた生息地に身を寄せるようにして、キツネならぬタヌキが棲んでいるのである。

写真10　撮影されたアナグマ

写真11　アナグマが撮影されたところ。竹やぶが残り、水たまりがある

**アナグマ発見！**

写真10の動物は、当地ではいなくなったとされてきたアナグマである。このアナグマが撮影されたところは、かつて南流が流れていた堤防で、現在も竹やぶが残っている（写真11）。野洲川下流域の動物調査をしていた私は、ここに赤外線センサーによる自動撮影装置のカメラを設置していた。そのカメラに、アナグマが写っていたのである。平成十二年（二〇〇〇）七月のことである。このアナグマは正面から撮られたものではないが、前足の長い爪、毛色、体形などからアナグマであることがわかった。

アナグマは、一〇〇年前の郷土誌でムジナの名前で記録されている。しかし、その後の存在については不明であった。環境庁（現・環境省）が昭和五十三年（一九七八）に行った聞き取りによる調査結果をみても、ここにはアナグマは生息しないとされていた。やぶ地に潜み、キツネやタヌキ、ウサギの

写真12　けもの道に現れたキツネ

写真13　けもの道に現れたタヌキ

写真14　けもの道に現れたイタチ

ように人びとと派手なかかわりをもつことがなかったアナグマは、まぼろしの動物であった。

そのようなアナグマの存在を確認できたことは画期的なことであったのだが、これをもって、野洲川の下流域はまだアナグマも生息できる自然が残されていると考えることはできない。むしろ、せばめられた生息地にのがれてきたアナグマが、偶然撮影されたと考える方が妥当なのである。

## 身を寄せ合うけものたち

アナグマが撮影されたところは整地されずに残っている堤防で、まわりは竹やぶで囲まれ、そのなかに旧河道の一部が池となって水をたたえている（写真11）。けっして広くはないが、身を潜めたり、餌や水を得ることができるのであろう。

ここには竹やぶから池に通じる〝けもの道〟がある。このけもの道に、熱センサーによる自動撮影装置のカメラをセットしてみた。写真12、13、14は、平成十四

写真15　けもの道に現れたアナグマ

写真16　アパートのように並んだ巣穴

年（二〇〇二）八月から十一月にかけて、このけもの道で撮影したキツネ、タヌキ、イタチである。気になるアナグマの写真も撮れた（写真15）。今回はきれいに写っている。

池の周辺を観察すると、動物の巣穴がいくつもみられる（写真16）。土を掘ったもので、巣穴がまるでアパートのように並んでいる。アナグマは巣穴を強力な前足の爪で掘るし、キツネもまた穴を掘ることができる。タヌキの場合は、アナグマやキツネが掘った巣穴を利用する。このようにして、三者が半ば同居のようなかたちで生活することが知られているが、まさにここはそのような場所である。

人間社会でいう〝同じ穴のムジナ〟とは、このような状態のことを揶揄していうのであるが、ここには正真正銘の同じ穴のムジナの光景がある。近くの竹やぶのなかには、タヌキの〝ため糞〟もみられる。巣穴の周辺には、キツネが畑から失敬してきたトウモロコシの食べ残しもある。

まわりで大型機械を使った堤防のとり壊し作業が続けられるなかで、少なくなった生息地に身を寄せ合っているこれらの動物たちの行く末を考えていく必要がある。

およそ一〇〇年前、野洲川の下流域では、野洲川の堤防周辺、湖岸のヨシ原、社寺のまわり、農耕地周辺などに多くのけものたちが棲んでいた。しかしその後、カワウソやカワネズミなどが姿を消してしまった。姿を消したのはカワウソやカワネズミだけではない。ウサギやテンなども見かけなくなった。

いまでは、野洲川周辺の堤防や竹やぶ、河辺林の多くがとりはらわれた。湖岸は埋め立てられ、そこには道路や大きな建物が造られた。社寺の森や茂み、家のまわりの竹やぶや垣根も少なくなった。このようななかで、あるものは姿を消し、残されたけものたちも縮小された生息地に身を寄せ合ったり、集落周辺に出没したりしている。

かつて野洲川の堤防は、田園地帯にあってさながら〝里山〟のような存在であった。適度な手入れがなされ、そこから人びとは生活資材や食料などを得ていた。そこにはまた、多くの生きものが棲んでいた。この〝里山〟の緑は、社寺の森や茂み、家のまわりの竹やぶや垣根、湖岸のヨシ原などともつながり、あたり一帯が生きものの生息環境となっていた。そのようななかで人びとは、けものたちと心身ともに深く交流していた。そこには古き良き時代があったといわなければならない。

これから私たちが努めなければならないのは、田園地帯の緑の回廊ともいうべき旧堤防沿いや新放水路沿いの緑の回復であり、湖岸のヨシ原の回復であろう。このような生態系のなかで、食物連鎖のトップを占めるのはキツネやタヌキなどである。したがって、彼らが普通に棲める環境をつくる必要がある。そこではまた、地域のなかでくりひろげられてきた人びととけものとのさまざまな交流をふまえ、けものたちとのつきあいを深めるための〝まなざし〟を構築していくことも大切になってくる。私の子供たちはいま中学生と高校生であるが、まずは家庭から、そして地域で、このようなことを話し合い、大切なものを後世に伝えていきたい。

# 主な狩猟獣と現代の狩猟

滋賀県猟友会

滋賀県猟友会は、県内在住の狩猟免許をもったハンターたちにより構成された公益法人である。現在、県下に二三の支部をもち、平成十四年(二〇〇二)現在で一二三二名の会員がいる。事務所は大津市におの浜の滋賀県林業会館にある。猟友会の活動には、狩猟のほかに有害鳥獣の駆除、琵琶湖の水鳥やシカ・クマなどの生息・分布調査、小学校の愛鳥活動への助成、植樹活動などがある。猟友会は、会員の親睦をはかるとともに地域社会への貢献も果たしている。ここでは主に、県下の狩猟獣や現代の狩猟について紹介していきたい。

# 滋賀県下に生息するけもの

## サル

最近、山間・山麓の集落はもとより、市街地や郊外の住宅地にまで進出し、田畑の作物を荒らしたり、人家にまで侵入し、その被害は社会問題化している。防除網や爆竹による対応、さらには銃による駆除が各地で行われているが、効果に決め手がない。被害地区以外の住民の協力と理解が得られないため、完璧な駆除体制が組めないこと、顔面が人間と似ておりハンターが射つのをいやがること、利口で逃げ足が速く、人間の裏をかいて逃避や出没を繰り返すことなどが、実効が上がらない原因となっている。

## イノシシ

県内の生息数は増加しつつある。平成三年（一九九一）の捕獲数は七一四頭、平成十二年（二〇〇〇）の捕獲数は一六八六頭と二倍以上になっている。捕獲数が増えているのは、網・罠《わな》猟登録者数が平成三年一一三名、平成十二年二七四名と増えていることにもよる。

イノシシも田畑の作物を荒らしたり、公園等の芝生をめぐってミミズを食べたりして被害を与えている。

県家畜保健衛生所からの依頼により、滋賀県猟友会では、平成十一年から捕獲したイノシシの血液を採取し、豚コレラ菌などの有無の検査に役立てている。イノシシ関係で注目されることとして、近年、県下で野生化した足の先の白いイノブタが発見されている。

## シカ

シカもまた生息数が増加しつつある。平成三年の捕獲数は五四一頭、平成十二年は一二四九頭と、イノシシと同じく二倍以上になっている。

最近は田畑の作物被害に加え、造林苗木の食害、成木の樹皮剥《は》ぎなどの被害が甚大である。現在、県の自然保護課が取り組んでいる生息実態調査に猟友会も協力し、捕獲したシカの歯や胃などを研究機関に送付している。

### カモシカ

シカと同じく、山林での苗木食害や樹皮剥ぎなどの被害が年々増加している。滋賀県では実施されていないが、中部地方各県では有害鳥獣としての捕獲が行われている。

### ウサギ

昔から狩猟対象となってきたが、今日ではハンターでも見た者が少なく、絶滅に近い状態といえる。

### クマ

県下での生息数は減少しているが、スギの樹皮剥ぎ、人家のゴミ荒らしなどの被害が年々増加している。

### イタチ、テン、タヌキ、キツネ

大津市、草津市、近江八幡市などで、テンやキツネによる家禽類への被害が著しい。近年、タヌキやキツネに皮膚病の一種であるカイセンが増加し、毛が抜けたタヌキやキツネが発見されている。タヌキやキツネの交通事故死も増加している。これは、山間部や湖岸部などの開発と道路網の発達による影響といえよう。

（濱崎元弥）

# 代表的な狩猟獣―クマ・イノシシ・シカ―

## 朽木のクマ

クマは昔から高島郡朽木村の山奥に生息しており、山村と最もつながりの深い大型獣である。三十年前には一五〇頭、現在は五〇頭ぐらい生息していると思われる。

春から秋にかけて、食べ物を求め山を徘徊し、主にトチの実、カキ、ギンナンなどを食べている。便を観察すると種がそのまま混じっており、樹種名がわかる。イノシシやシカの便をみると種も完全に消化しているが、クマは不消化便といえる。雑食性で動物質も食べる。最近、「山で死んだシカの肉をクマが食べていた」と猟師仲間が話していた。

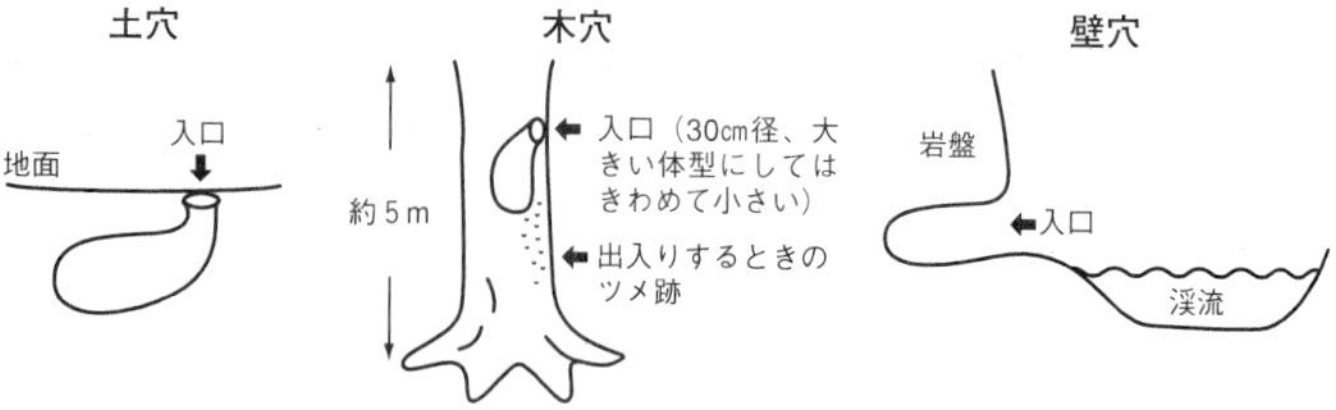


図１　クマが冬眠する穴の種類

春から夏にかけては、スギの造林地で樹皮を剥ぎ樹液をナメており、銘木「杤木スギ」生産に多大の被害を与えている。

交尾期は秋で、穴で子を産む。メスは必ず二頭産む。「二年間子を育て、二年後にオスの我が子と交尾し、子は独立する」と古老から聞くが、確かめることはできない。

**クマ猟**

雪が降ると、穴の中で冬眠をする。その季節になるとクマ猟が始まる。猟師は、一人で三〇～四〇の穴を覚えておき、そこを見回ってクマをみつける。土穴、木穴、壁穴の三種類の穴があり（図１）、杤木では木穴が八割を占めると思う。

・土穴…地面に穴を掘ったもの。

・木穴…クリ、ケヤキ、モミなどの大径木のウツロなどを利用したもの。

・壁穴…渓流沿いの岩盤などで人に見つかりにくいところを利用したもの。入口に杭を立て、出てきたところを仕留める。

昔の猟師は、穴を見つけると煙でイブリ出し、村田銃で仕留めたものであるが、今はもっぱら猟犬を使い、穴から追い出す方法に変わっている。

最近は、冬眠をしていないクマがいる。大木の上に枯枝などで円座をつくり、

写真1　檻（高さ約1ｍ、長さ約2ｍ。ミツバチの入った蜜箱でおびき寄せる）

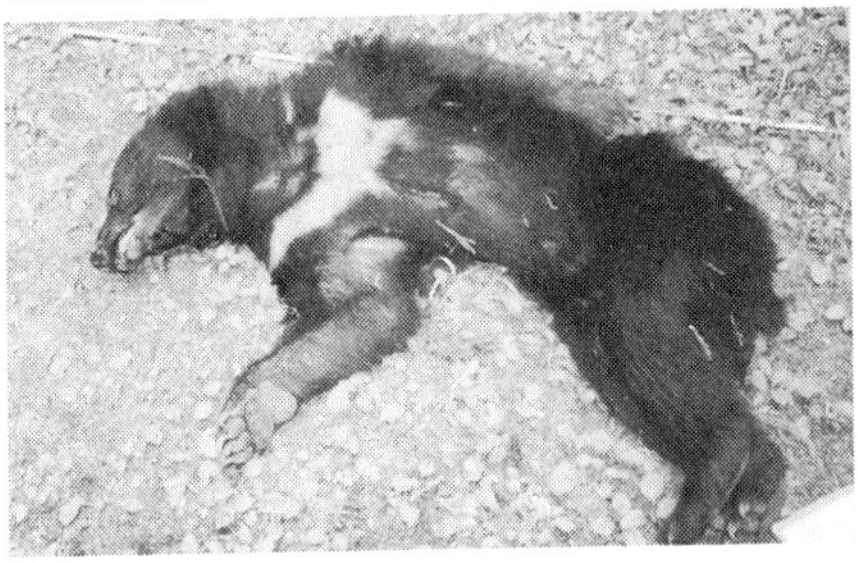

写真2　捕獲されたメスグマ。首に白い三日月型がみえる

冬期はそこを巣としている。

**クマによる被害**

現在、最も深刻なのはスギの剥皮被害である。朽木村をはじめ、湖西地方の森林全域に被害は拡大しており、現在「湖西地域クマ被害対策協議会」が設立され、対策を講じている。組織は朽木村長を会長とし、猟友会長も役員として全面的に協力している。

防護策として、樹の幹にビニールテープを巻く方法をとっているが、数年経過するとテープが老化してしまう。そこで並行して、檻《おり》による捕獲を行っている。法律では檻によるクマの捕獲は禁止されているが、有害鳥獣捕獲事業と位置づけ特別許可により実施しているものである。この捕獲作業で、毎年五～六頭のクマを猟友会が捕獲している（写真1、2）。

人が襲われたことを二度経験している。針畑《はりはた》（針畑川流域の地元での通称。大字名ではない）で谷を渡る

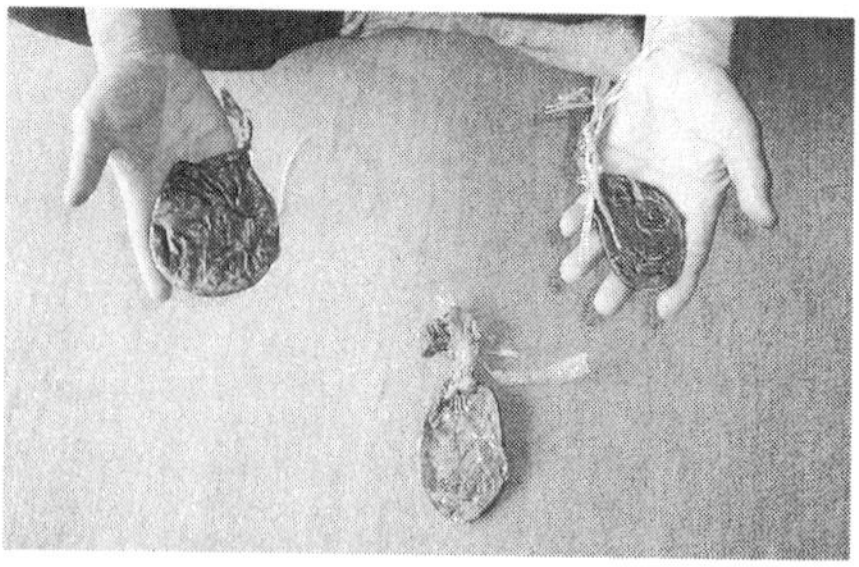

写真3　クマの胆《い》。これでウン十万円？

木橋を女性が通っていたところ、橋の下に手負いのクマがおり、足を折られた。また早春、造林木の木起こし作業の人が、子グマの声を聞き土穴をのぞいたところ、親が出て来てツメで頭の皮をめくられた。

**クマの利用法**

肉はすき焼き、焼き肉がよい。サナダムシが寄生していることもあり、生食はしないほうがよい。内臓のうち、胆嚢《たんのう》は漢方薬として有名で、万病に効くといわれる（写真3）。心臓やレバーは焼き肉で食べられる。

クマの掌《てのひら》は、中華料理の高価な食材といわれており、朽木村にある料理屋が料理法を調べたが、教えてもらえなかったということである。

毛皮はなめして敷物にできる。

（玉藤義一）

## イノシシ

山の紅葉が色づく頃、大物猟をする者にとって、今年の獲物の生息状況などを下見に行きたくなる季節がやってくる。特にイノシシ猟をする者は、イノシシの通り道の状況や餌《え》ばみ[*1]をした形跡などを調べまわり、この山には何頭ぐらいのイノシシがいるか、また大きさはどのくらいかを見分けて今年の猟期を楽

＊1　鳥、獣などがエサを食べること。

しみにする。

**イノシシの習性**

イノシシの行動をみると、移動性のものとしばらく棲みよい所に居座るものがいるが、大半はハミをしながら毎晩移動している。昼間は何かに追われた時など、よほどのことがない限り動かないのが通常である。

また、単独で行動するものと群れで行動するものがいる。一～二月になると発情期となり、子連れのイノシシやメスイノシシを目当てにオスが集まってくる。このため、イノシシの群れに出会うことがある。この時期のオスイノシシの行動範囲は広くなる。イノシシは、ブタと同様に一二〇日ほどで出産すると聞いている。一度に五～六匹の子を出産するようである。子連れの多い山は、当然イノシシの数も多くなる。

イノシシは夜行性で、夕方になると寝床より動き出し、一晩中好物を探しながら歩き回り、明け方近くになると近くの適当な寝屋に向かう。イノシシの寝屋は、夏場はカ（蚊）が少ない所や涼しい所を好むと聞く。冬場は、南向きの日当たりのよい斜面で、周囲に小柴や葉もちの木がある、常に身を隠せる場所を選ぶ。近くにある木の葉や小柴を集めて下に敷き、器用に寝床を作る。雪の降る夜などは、青木などの葉のついた枝を集めて上からかぶり、身体に直接雪がかからないようにして寝ることもある。寝場を作る山はおおよそ決まっており、二度と同じ寝屋に寝ることはない。これはダニなどの付着を嫌っての行動と考えられる。身体に付いたダニなどは、ぬた場や近くの木などで身体を擦りつけることによって退治している。このため、皮の剥げた木を見ることがよくある。

### イノシシの被害

イノシシは何でも食べる雑食性で、特に農作物の穀物類は好物である。その他、木の実（ドングリ、クリ、カシの実など）、土中のミミズや虫の幼虫、草の根、ヤマイモなど、動物性から植物性まで何でも口に入れる非常に物食いのよい動物である。最近の野生動物は農作物の味を好み、イノシシにおいてはイネの実る頃になると山より稲穂をしごきに下りてくる。初めのうちは用心をしながら出てくるが、次第に横着となり、そのうえ仲間も増えて被害が甚大となる。イネを刈り取る頃は、収穫がゼロということもある。農家の方もたまりかね、電気柵で田んぼを取り囲み、被害の防止に取り組んでいる。イノシシも夜露に身体が濡れていると、電気の通りもよく、一度感電すると二度と近寄らなくなり効果がある。イネの刈り取りも終わり電気柵がなくなると、今度は田の畦や野

写真4　捕獲されたイノシシ

良道を掘り起こして食べ物を探す。山間部の田畑では、二度も三度もイノシシの食害にあい、誠に気の毒である。

## イノシシ猟

イノシシ猟（写真4）には、犬を使う方法と、雪に残ったイノシシの足跡を頼りに寝屋に忍び寄り射止める方法とがある。犬を用いる場合、その犬の癖により異なり、イノシシの大小にかかわらず喰らいつく犬や一定の距離をおいて吠え続ける犬などさまざまである。

寝屋は安心して寝ていられる場所であるため、大型のイノシシになると犬が近づいても逃げようとせず、スキがあれば犬に向かってくる。この時、犬がイノシシの牙にやられることもしばしばである。逆に、犬がイノシシのスキを見て喰らいつき、二～三匹の犬だけでイノシシを倒すこともある。用心深い犬は、一定の距離をおき、ワンワン吠えながらイノシシの足を止め、ハンターが射止めるのを待つ。

イノシシは物音や匂いに敏感で、危険を感じたら素早く身をかわす俊敏性を持っているが、一方で夜間に自動車などが近づいても平然としているのは不思議である。

この山のイノシシも少なくなったと思っていると、突然数が多くなり思わぬ豊猟となることもあれば、どこに消えたのかと目を疑うようにイノシシがいなくなることもあり、周期的に移動する習性があると考えられる。

（青山清次）

## シカ

### オスジカ

一～四月上旬までは毛色は黒っぽくみえ、角は生後二年ぐらいまでは一本角である。この頃を「ゴニボ」または「ヅワイ」と呼んでいる。ヅワイの間は、母親またはメスの仲間と一緒に行動し生活している。

早いものは、六月下旬から袋をかぶった毛のはえたやわらかい角がのびはじめる。八月中旬から下旬まで袋をかぶった角であるため、これを角袋と呼んでいる。袋角の毛がぬけるのは八月中旬頃である。完全にのびきった角になり、そろそろ袋が破けてくると立木で角をこすり脱皮する。その直後の角は真っ白にみえるが、この白色の角を持ったシカを見る機会はたいへん少ない。シカの年齢と角の形の関係は、図2のようになる。写真5は、完成されたシカの3段角である。

図2　シカの年齢と角の形

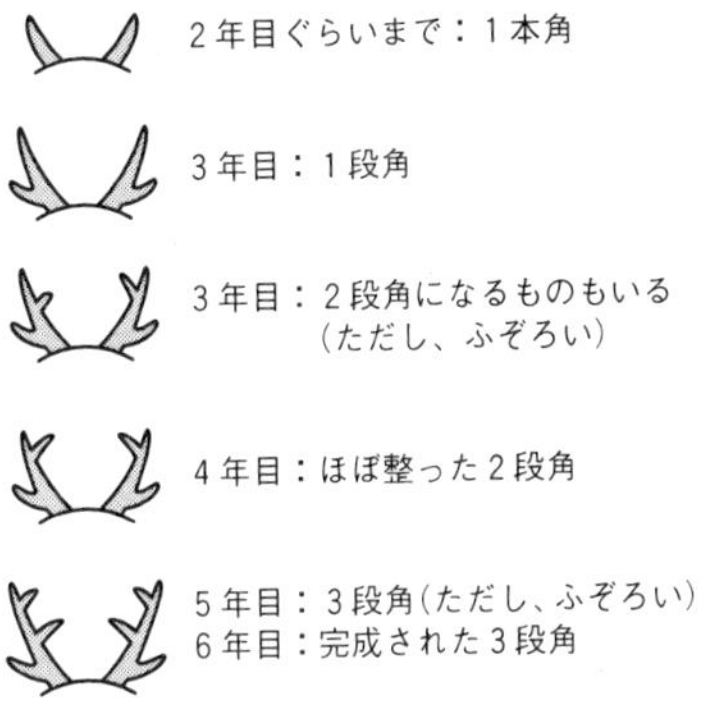


写真5　完成されたシカの3段角

オスジカは年に一度角を落とす。早いシカは三月末頃から落としはじめ（片方ずつ）、五月はじめにはほとんどのシカが落とし終わっているように思う。角のない時期は五～六月で、この時期は性格もおとなしく、大きなメスジカのようにみえる。実際、メスよりも用心深くなっている。

毛色は、十月上旬頃から翌年三月頃までは茶黒くみえ、腹部のあたりは黒色の毛がはえている。三月以後少しずつうすくなり、六月上旬から九月下旬まではうす茶色になり、身体に白の斑点があってとてもきれいである。

## メスジカと子

シカの交尾期は九月二十日頃から十月二十日頃までであり、翌年の四月下旬から五月上旬にかけてお産時期に入る。

メスは、一～三月にかけてオスより毛色がうすくみえる。メスは三歳ぐらいから毎年妊娠し、狩猟期をむかえる頃にはお腹が丸くみえる。四月下旬頃からお産のため奥山に入り、村の近くや道路沿いで見かけることが少なくなる。この時期も、前年生まれの子を連れている。オスジカは角のない時期は性格もおとなしいので、それをみこんでメスジカはこの時期にお産をするらしい。
キツネなどの天敵が多いため、母ジカは生まれた子に対して注意をはらう。母ジカは、エサさがしなどで子から離れる時は奥山の安全な場所に待たせておき、林道近くまで降りて来る。危険を感じた時には、前足を強く打ち鳴らして子にいち早く合図をする。餌さがしや水飲みから帰ると、声を出して子を呼ぶ。子も日々成長し、十一月十五日の初猟を迎える頃にはしっかりとした足取りで走れるようになっている。子には白い斑点があり、とてもかわいくみえる。

**シカの食べ物**

五～十二月頃までは木の葉や草類を食べ、冬に雪が降り木の葉や草類がなくなると、木の皮を剥いで食べている。二歳までのシカは木の皮や地面の中にある木の根の皮が食べられないため、積雪が多くなり地面が凍りついてエサがとれなくなると日々やせていくのがわかり、大雪になると若いシカはかわいそうに思えてくる。

（高畑　實）

# 現代の狩猟

## 変化した狩猟方法

野生のけものを対象とした狩猟のやり方は、近年著しく変化している。アウトドアばやりの今日、狩猟関連の雑誌も何種類か発行されており、またインターネットの急速な普及により、狩猟に関する情報を簡単に得ることが可能となっている。さらに道路交通網が整備され、日本国中どこへでも車で気安く赴く時代となり、ハンター同士の情報網も拡大され、県域を越えた広域交流が活発に行われている。

猟具も改良されている。まずライフル銃の普及があげられる。散弾銃に比べ、最大到達距離は三二〇〇～四〇〇〇メートルときわめて長く、かつ命中の正確さ（命中率）も増している。付属装備としてスコープ（望遠鏡）を銃身に乗せると、照準がより正確になり遠距離の射撃が可能となる。

また無線機が普及し、シカやイノシシなどの大型獣をグループで狩猟する場合、猟場でのグループ間の連絡に役立ち、迅速なグループ行動が可能となった。

表1　猟犬の種類

| | 和犬 | 洋犬 |
|---|---|---|
| イノシシ・シカ猟 | 紀州犬、四国犬 | プロットハウンド、ブルチックハウンド |
| クマ猟 | 甲斐犬 | ブルチックハウンド、ドゴアルゼンチーノ |

猟犬の首輪にも小型発信機がつけられるようになった。猟中の犬の動きを把握し、猟が終了したら犬をすばやく回収し、捕獲した獲物を運び出すのにも何かと便利である。

狩猟の良きパートナーである猟犬の品種改良も盛んに行われている。猟の要諦は「一に犬」といわれるぐらい、猟犬は猟果の成否のポイントとなっている。猟犬は、和犬（紀州犬、甲斐《かい》犬などの純白本種）と洋犬（ポインター、セッターなど）に大別される（表1）。現在、和犬と洋犬をかけ合わせて改良が試みられているが、固定種となるにはさらなる期間を要すると考えられる。

犬の狩猟本能を最大限に発揮させ、かつ主人の意志を的確に判断し行動させるためには、常日頃愛情を持って育てるとともに、きびしい訓練が欠かせないものとなっている。

## 狩猟を継続させるために

年々ハンターの数は減少し、かつ高齢化が進んでいる。大日本猟友会は以前三〇万人台の会員数であったが、現在は一五万人で毎年三～四％減少している。原因の多くは、環境の変化による獲物の減少と趣味の多様化による若者の狩猟離れにある。ハンターの平均年齢は現在五十歳代後半であり、あと一〇年すると後継者の不足が顕著になり、緊急な対策が必要である。

宅地開発や道路開設などがすすみ、狩猟ができる場所は狭まりつつある。今までのように広い原野や山林で思いきり狩猟できる時代は過ぎ去ってしまった。奥地までも車や人が入り込んできて、ハンターの姿を見つける。許可を受けて銃を持っているにもかかわらず、危険なものを持っているとみられる。それが世論となる場合があり、空薬莢《やっきょう》（弾を撃ったあとに残る火薬の入れ物）の回収や、猟犬の躾《しつけ》を徹底させる必要がある。そして、ハンターは今まで以上にマナーを守り、世論への配慮・気配りを心がけなければならない。

またハンターは、狩猟を通じ社会貢献を果たしている事実を大いにＰＲすることが大切である。狩猟でシカやイノシシを捕獲する行為は、別の面からみると田畑を荒らし農民を苦しめている天敵を駆除している行為でもある。さらに行政からの要請により、農林業、生活環境に被害を与えるカラスやカワウ、サルなどの有害鳥獣の捕獲に本業を休んで出動している猟友会会員の姿を、大いにＰＲするべきである。

ほかにも猟友会は、鳥類環境の充実対策として、永年にわたる琵琶湖の水鳥生息数調査、野鳥の好む実のなる木の植樹、ソバ種子の播種、キジの放鳥なども行っている。

（濱崎元弥）

## 鳥獣供養

猟友会の人びとは、日頃より関わり深い野生鳥獣に対し、深い親しみとともに、その尊い生命に対し敬虔《けいけん》な愛惜をつねに持ち続けている。

獲物、とりわけイノシシなど大物獣を山で仕留めた時は、「心の中で手を合わせる」という話をよく聞くことがある。また、猟仲間が連れ立って猟場に向かう道すがら社《やしろ》に猟の安全とけものの慰霊を祈る習慣は、常日頃から行われている。

鳥獣供養や慰霊祭の例をいくつか紹介してみよう。

**滋賀県猟友会主催の鳥獣供養**

県下で狩猟が解禁されるのは毎年十一月十五日で、県猟友会ではその準備のため、六月頃から新しくハンターになる人のための免許試験予備講習会や三年に一度の狩猟免許更新手続き、さらに来る猟期に狩猟ができるための登録手続きなどにとりかかる。

とりわけ無事故無違反狩猟を会員に徹底指導するため、全支部長が九月早々

写真6　支部長会議とあわせ行われる猟友会の鳥獣供養（大津市・伝光院）

写真7　日吉支部による鳥獣供養（大津市・来迎寺）

に支部長会議を開催し、その際に鳥獣供養をとり行っている。ここ数年は、大津市長等一丁目の浄土宗・伝光院に濱崎会長以下関係者が参集し、松平智祥和尚による納経と全員の焼香、その後の和尚の法話を拝聴している（写真6）。

**各支部主催の鳥獣供養**

多くの支部で、毎年定期的にまた随時に鳥獣供養を行っている。日吉支部では毎夏、多数の会員が参加して狩猟安全講習会を開き、終了後に地元の名刹来迎寺さんに全員が赴き、本堂（県指定文化財）でおごそかに法要をとり行い、鳥獣の霊を慰めるとともに、互いに安全狩猟を誓い合っている（写真7）。

また、野洲町に鳥獣供養の大きな石碑がある（写真8）。国道八号から希望が丘文化公園の西ゲートにつながる道路脇に、辻町ダムをバックに立っている。これは地元の守山、野洲郡の支部が会員から浄財を募り建立したものであり、折にふれ会員が清掃、供養をして

写真８　野洲町・希望が丘文化公園近くにある鳥獣供養碑

写真９　松尾寺の鳥獣供養（米原町・松尾寺）

いる。

**松尾寺の鳥獣供養**

米原町の南部、霊仙山の麓に近江西国三十三ヶ所第十三番札所普門山松尾寺がある。約一三二〇年前に役行者《えんのぎょうじゃ》により開山された近江の名刹である。

松尾寺の先代住職故近藤慈澄師は、永年滋賀県猟友会の会長を務められ、リーダーとして会の発展に大いに寄与されてきた。その縁から毎年九月十八日に、同寺で、千日会とあわせ鳥獣供養が多数の僧侶により盛大にとり行われている（写真９）。

（藤本　晃）

# 第二部

# 〝けもの〟との共存について考える

# 滋賀県でのサルと人との共存について考える

寺本憲之
（前滋賀県農業総合センター農業試験場湖北分場）

滋賀県の山々は琵琶湖を囲むように連なっている。大津市、志賀町などの中山間地域における棚田からは美しい琵琶湖が望める場所も少なくない。それら中山間地域では、特有の生産基盤や気象条件あるいは就業構造を抱え、平坦地と比べ農業振興上および生活面で極めて不利な条件にある。また、近年、本県の琵琶湖周山系における中山間地域の田畑では、野生獣による農作物被害が急増傾向にあり、なかでもイノシシ、サルやシカによる被害が顕著になっている（写真1）。これまで、防護柵、トタン板、防獣網、爆音器などにより、被害防止措置がとられてきたが、慣れや耐久性不足による効果の低下といった問題があり、被害発生が後を絶たない。これら野生獣の取り扱いについては、農業者と

写真１　畑をうろつき回るサル（農試湖北分場撮影）

動物保護者との間に大きな意見の相違があるため、対応策は両者と十分に議論をした上で決定しなければならない。また中山間地域では、獣害多発、米価の低迷、農業者の高齢化などにより、耕作を放棄した田畑が増加している。さらに、日本人の生活様式の変化に伴い、雑木林がほとんど利用されなくなった。

これら農地や雑木林における里山環境の崩壊が獣害を起こす原因となり、中山間地域における農業経営あるいは生活が危ぶまれている。県の自然保護課の調査により、県内にはサルの一三三群れが存在することがわかっている。それらの調査データを踏まえ、自然保護課では平成十三年（二〇〇一）に「滋賀県ニホンザル保護管理計画」を策定した。ここでは、特にサルを取り上げ、猿害が急増してきた要因を追及し、滋賀県における里山保全の大切さと人とサルとが共存できる方策について考える。

## 里山崩壊と野生獣による農作物加害との関係

### 里山とは

全国に比べると、滋賀県には里山環境が残っている地域は多い。「里山」という言葉は以前では雑木林だけを示していたが、今日では集落や田畑を含んだ里から人があまり踏み入れない山林の手前の雑木林までの、より広い環境を示す。すなわち、人が手を加えている農地を中心としたすべての人為的自然環境を里山という。里山と琵琶湖には古くから密接な関係がある。

## 里山の変化

ガスや電気があまり普及していなかった時代、雑木林や農地は多くの人びとが携わった仕事の場であった。また、雑木林の材木は薪炭林《しんたんりん》などとして、エネルギー資源となった。一方、田んぼでは、牛などを利用して耕耘《こううん》を行ったり、牛のエサを確保するため、畦畔《けいはん》やその周辺の空き地の雑草などの刈り取りが頻繁に行われた。また、田んぼの作業では、田植えは手植えで、水田の除草も手抜き、稲穂の収穫も手刈り、さらに稲穂の乾燥もハサ干しといった人力による方法で、多くの農家が農地に出て作業をしてきた。昔の雑木林や農地を含むいわゆる里山は、たくさんの人びとによって利用され、多くの人の手によって維持管理された場所であった。日本の戦後の経済成長が始まるまでの中山間地域における里山では、集落、農耕地そして雑木林は生活基盤の一部として多くの人によって利用されてきた。しかし、昭和三十五年（一九六〇）頃を境として、高度経済成長期が始まり、中山間地域に住む若者は生まれ故郷を離れて都会へ転出し、また農業技術の発展により、人が農耕地で作業する時間が著しく減少した。

## 里山の崩壊

近年、開発や放棄により、里山が激減している。放棄された雑木林や農地はわずかな間に荒れ果て、耕作放棄地が増加している。山沿いの農地は荒廃し、山と農地との境界が次第に不鮮明になりつつある。維持管理されている農地においても、高度経済成長に伴い、農村地域の過疎化や農業機械の発達による作業効率の著しい向上によって、農地管理に携わる人びとの数や作業時間が激減した。里山の崩壊は、このように里山が人にあまり利用されなくなったことが主な原因である。

## 里山崩壊とサルによる農作物加害との関係

人とサルとは、お互いの圧力関係によって棲み分けを行ってきた。昭和三十

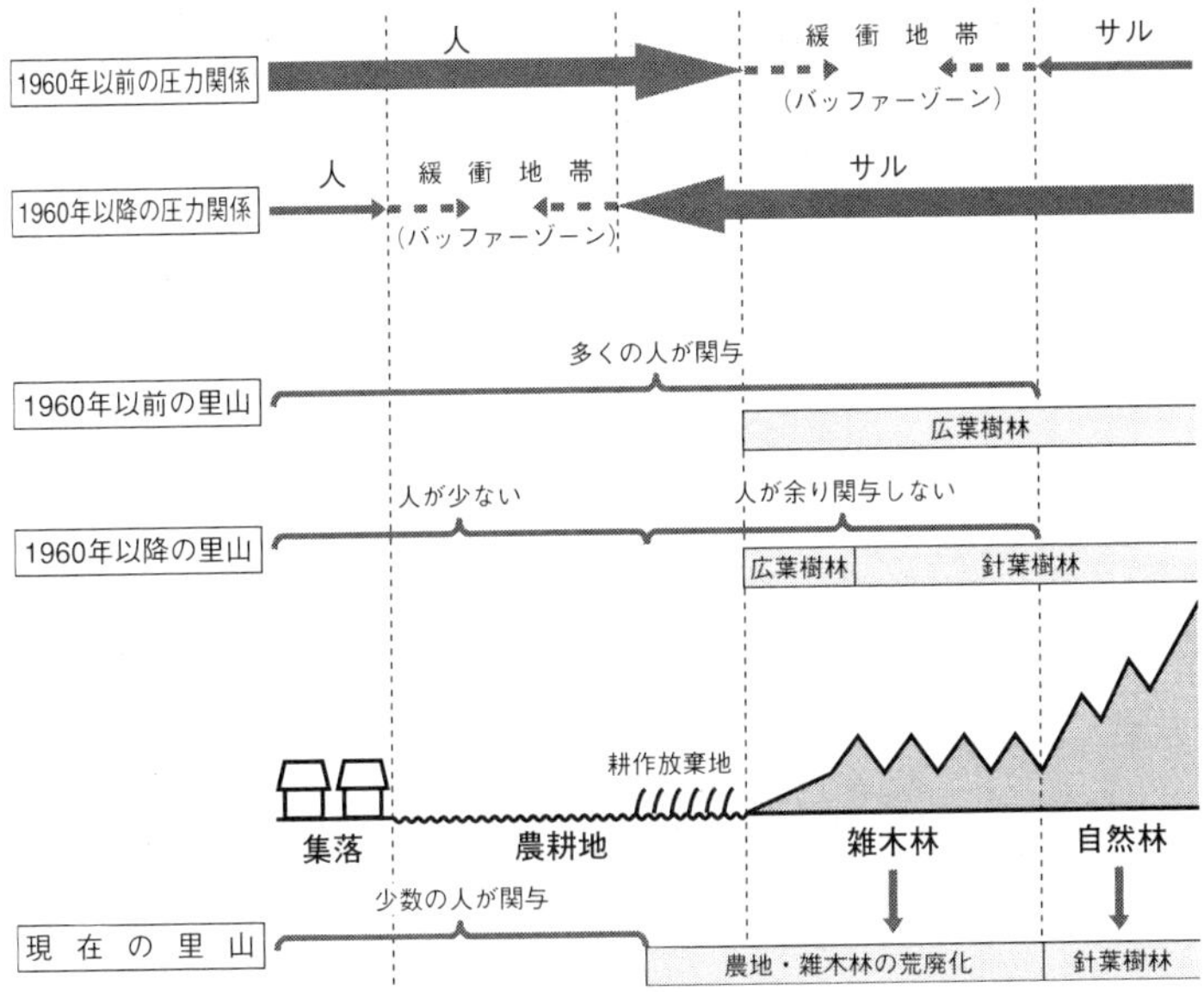


図1　里山荒廃と野生獣による農作物被害増大との関係

五年頃までの里山では、サルは経済的価値があり、貴重な蛋白源、漢方薬などの原料となっていたため、サルに対する狩猟圧が高かった。さらに、多くの人が農耕地や雑木林の里山を利用することで人圧が増し、圧力は人の方がサルよりも優った。そのため、昭和三十五年頃以前では、図1のように、人とサルが混在利用する緩衝《かんしょう》地帯（バッファーゾーン）が山側の雑木林にあった。一方、昭和三十五年頃以降では、人の生活様式が激変し、圧力関係が逆転し、サルの圧力が人よりも高くなり、緩衝地帯が雑木林から農耕地へ移行した。それにつれて、野生獣が農耕地で頻繁に見かけられるようになり、このことが農作物の加害につながった。

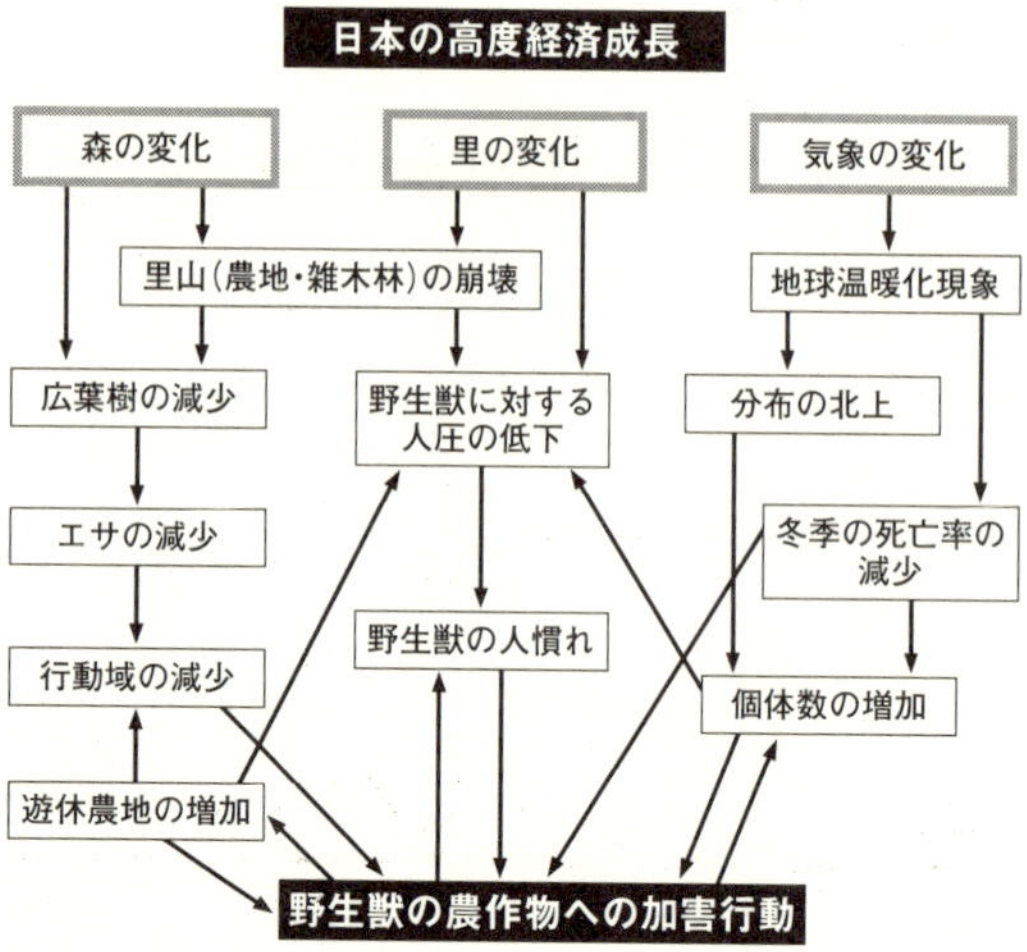


図２　野生獣が農作物を加害するようになるまでのフロー

## サルが農作物を加害するようになった歴史的背景

昔、野生ザルを見たいと思ってもなかなか見ることができなかった時代がある。最近、サルは里で頻繁に見ることができるようになった。なぜ、今になってサルの行動が急変したのであろうか？ サルが農作物を加害するようになった歴史的背景には、図２のように三つの原因が挙げられる。

### 森の変化

国の戦後の経済施策として、昭和三十五年頃から開発やスギ、ヒノキの針葉樹を植林する拡大造林事業が始まった。滋賀県では、広葉樹の割合は、昭和四十五年（一九七〇）では五二％であったが、平成十二年には三八％まで低下した（図３）。しかし、滋賀県の広葉樹の割合は全国的に見ればまだ高い方である。サルにとって、針葉樹は食料の供給源として利用できない樹木である。サルは血縁関係のあるメスと子で群れを形成し、一定の行動域をもって移動採食を行う動物であり、その行動域は群れのサイズ、餌場の状況などで決定される。オスは四歳ぐらいになるとハナレザルとして群れから離脱する。群れは、その行動域内で開発や針葉樹の植林が行われると群れのエサ場の一部が失われることにより、行動域を拡大せざるを得なくなり、農耕地の隣縁域に存在する広葉樹などの利用率が高くなる。

## 里の変化

上述したように、昭和三十五年頃以降、高度経済成長により生活様式が一変した。サルに対する狩猟圧が減少し、中山間地域では若者が都会へ転出し、過疎化と高齢化が進んだ。光熱などのエネルギー源は、科学技術が発展したため、薪や炭などから電気、ガス、石油などへとシフトした。このようにして、雑木林の利用価値が低下し、人が山に入る回数が激減した。また昔、農地では、耕耘は牛、田植えは手植え、稲刈りも手刈りなどと、多くの人の手によって農作業が営まれ

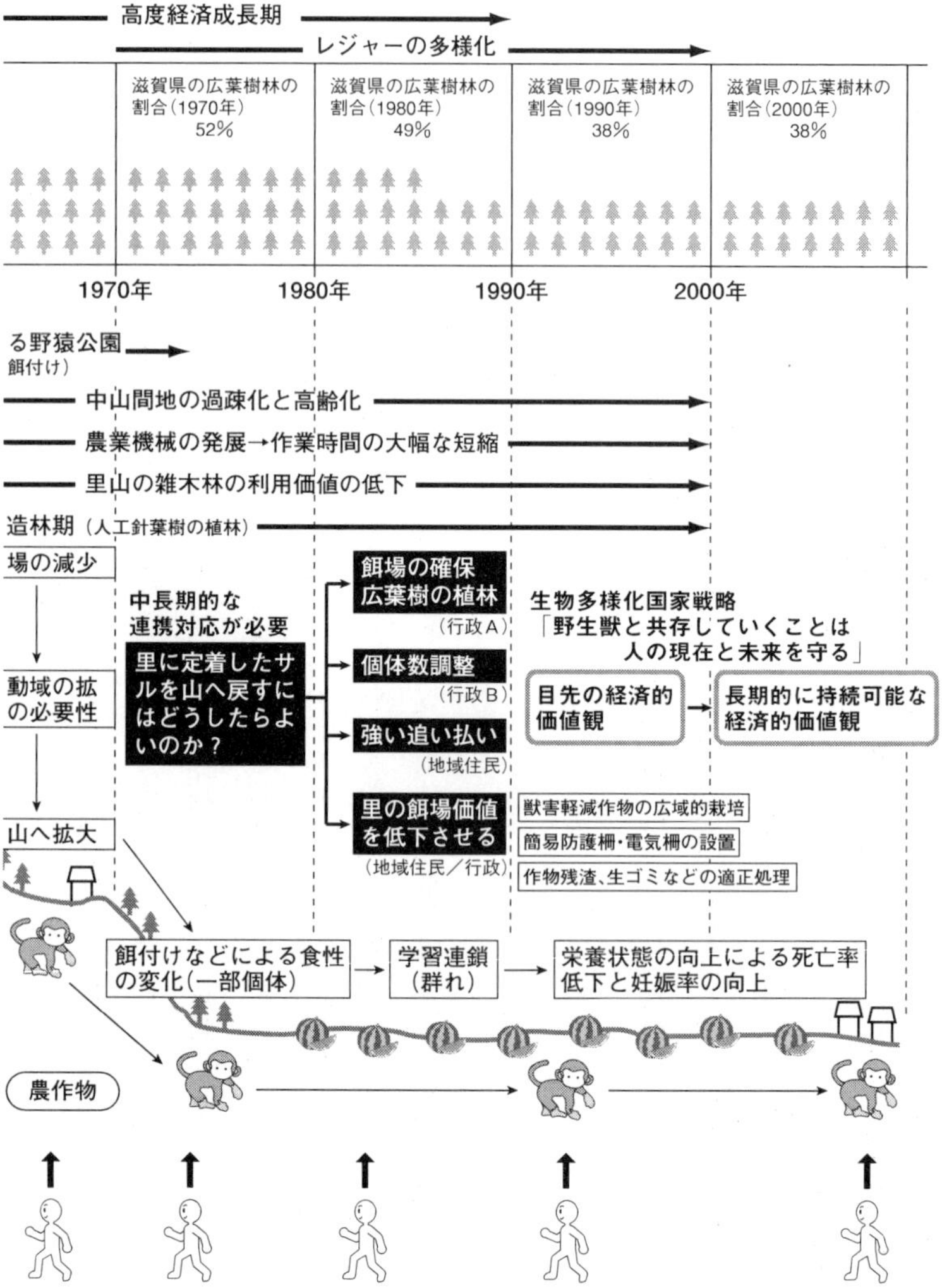

高度経済成長期
レジャーの多様化
滋賀県の広葉樹林の割合（1970年）52%
滋賀県の広葉樹林の割合（1980年）49%
滋賀県の広葉樹林の割合（1990年）38%
滋賀県の広葉樹林の割合（2000年）38%
1970年
1980年
1990年
2000年
る野猿公園
餌付け）
中山間地の過疎化と高齢化
農業機械の発展→作業時間の大幅な短縮
里山の雑木林の利用価値の低下
造林期（人工針葉樹の植林）
場の減少
動域の拡の必要性
山へ拡大
中長期的な連携対応が必要
里に定着したサルを山へ戻すにはどうしたらよいのか？
餌場の確保広葉樹の植林
（行政A）
個体数調整
（行政B）
強い追い払い
（地域住民）
里の餌場価値を低下させる
（地域住民／行政）
獣害軽減作物の広域的栽培
簡易防護柵・電気柵の設置
作物残渣、生ゴミなどの適正処理
生物多様化国家戦略
「野生獣と共存していくことは人の現在と未来を守る」
目先の経済的価値観
長期的に持続可能な経済的価値観
餌付けなどによる食性の変化（一部個体）
学習連鎖（群れ）
栄養状態の向上による死亡率低下と妊娠率の向上
農作物

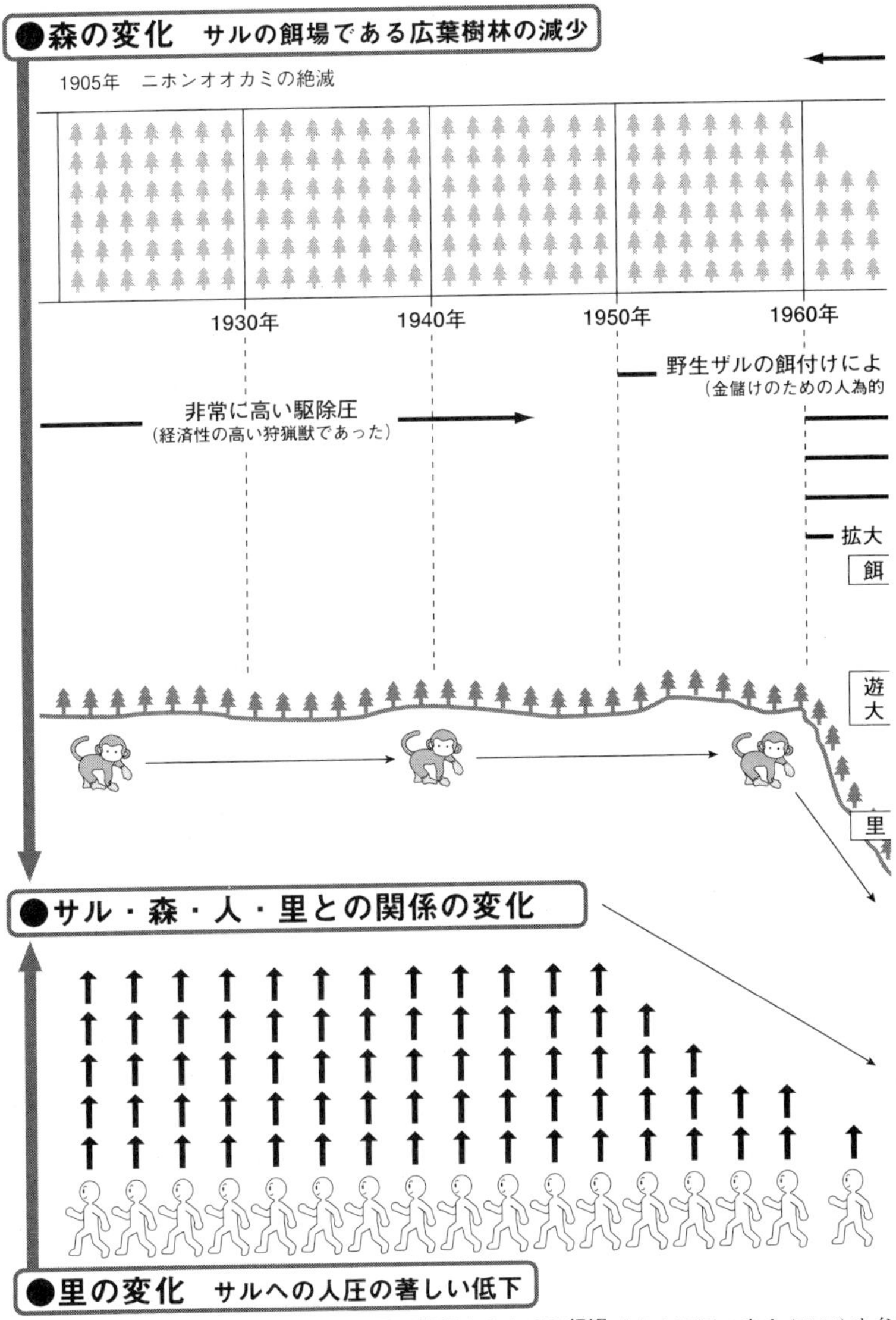


図3　ニホンザルの生息場所が山から里に移行するまでの経過［寺本原図：室山(2000)を参照］

ていた。しかし、農耕地の作業効率は農業機械の発達により向上し、農地での作業時間が激減した。人による農地と雑木林の利用率が著しく低下した（図3）。

## 気象の変化

近年の気温上昇には、高度経済成長に伴う都市化によるヒートアイランド現象があると言われている。また、石油、石炭などの天然地下燃料の燃焼や焼き畑などによる大気中への二酸化炭素の大量放出が大面積の森林伐採の影響と相まって、放出された二酸化炭素が森林帯の吸収能力を上回り、大気中の二酸化炭素濃度が年々上昇している。このような背景の中、急速に地球温暖化が進んでいる。

## スノーモンキーでも冬季はつらい

ニホンザルはスノーモンキーと呼ばれ、サル類としては最も北限に棲めるように進化適応できた、特殊な種である。しかしながら、いくら北限に適応できた種であっても、自然界の積雪などの厳しい環境下では、冬季における死亡率が高く、それが生息域の限定や生息密度を調整してきた。しかし、近年の地球温暖化現象の影響により、気温上昇が生じて冬季の温暖化と積雪量が減少することにより、サルの死亡率が低下し、個体数が増加したものと考えられている。また、一部の群れにおいては栄養価が高い農作物を採食する習慣がつき、個体の栄養条件が向上して、それが幼獣の死亡率の低下や妊娠出産回数の増加につながり、地域内の個体数が増加した。しかし、個体数の増加については、昔の調査データがないため、数値的には示せない状況にある。

経済成長によって、森の変化、里の変化、気象の変化の三要因が複雑に関与し合って、従来見つけることさえ困難であったサルが、近年、急に里へ降りてきて、頻繁に里で見られるようになり、農作物を加害するようになった。

## 里山保全と猿害対策

### 里のエサ場価値を下げる

### サルにとって魅力のない里を作り上げる

**ポイント1　サルは基本的に臆病者である**

サル対策で重要なことは、隠れ場所や逃げ場所が少ない見通しの良い農地環境を作ることである。サルは基本的に人を恐れる臆病な動物であるため、棲み慣れた隠れ場所の多い山から農地に出て農作物を加害するには相当な度胸が必要になってくる。農地内に高木や草丈が高い雑草が生えていると、人が急に来ても逃亡する場所が確保されているため、堂々と山から離れた農地まで進出して農作物を食害することができる。したがって、農地内、近辺や山際の避難場所になる不要な高木は思い切って切り倒し、草刈りは定期的に必ず実施するように心掛ける。サルの習性をうまく利用した対策を講じることが重要である。

**ポイント2　サルに人が怖いと教える**

**サルを脅す**

サルを見つければ、集落全員で、サルに石を投げたり、大声を出したり、花火、爆竹を鳴らしたりして追い払いを行い、人が怖いと教える。これらを繰り返すことによって、サルへの人圧を増加させる。サルは人を大まかに識別することができるため、追い払いは特定の人に偏らないようにする。また、地元の猟友会と協力してサルを銃器によって山奥へ追い上げる。ただし、山奥までの追い払いは群れの分裂を起こす危険性があるため、深追いは避ける。

また、サルを箱檻で捕獲して、檻中でサルを爆竹やからしスプレーで威嚇した後に放獣して、サルに人が怖いことを教えるのも有効な方法である。この方法をリハビリ法という。

## 農地に人が入る工夫を考える

経済成長に伴って機械化が進んで、農家の農地の作業時間や利用回数が著しく減少した。人による農地の利用度が低くなったため、集落の人が意識して、頻繁に農地を訪れるよう心掛けることが必要である。集落内の人やイヌの散歩は山際の農道などを優先利用するように心がける。集落全体で定期的に山際の草刈りを行ったり、農地でイベントなどを行うことにより、人の農地利用回数と密度を上げ、サルへの人圧を増加させる。

## 雑木林に人が入る工夫を考える

高度経済成長による人の生活様式の変化から、雑木林の利用率が著しく低下した。また植林帯では、安価な外材の輸入などにより、国内のスギ、ヒノキの木材価格が低迷し、無管理状態にあるところが増加していている。雑木林での人圧や野生獣のエサの確保のために、営利を主たる目的としない雑木林の利用を考える必要がある。たとえば、雑木林にはブナ科のクヌギ、コナラなどのドングリの木が多く生えているため、地域でシイタケ栽培を行ったり、伐採したドングリの木の新梢《しんしょう》を利用して野蚕（天蚕《てんさん》、柞蚕《さくさん》など）を飼育する。枝などの伐採残木はチップ化して、燃料や有機堆肥として利用したりして、資源循環（ゼロエミッション）型の利用体系を考える。また、雑木林をフィールド教育の現場として利用し、積極的に雑木林をエコミュージアムとして利用するなど雑木林に人が入る工夫を行い、人の雑木林利用回数と密度を上げる。雑木林でのサルへの人圧を増加させると共に、雑木林を適正に管理し、地床へ紫外線を当てて、高木の間に低木樹や下草が生えるようにしてサルのエサ場面積を拡大する。

**ポイント3　里山にサルのエサになるような農作物を放置しない**

**農作物の残渣《ざんさ》[*1]や生ゴミの適正処理を行う**

収穫を終えた農作物の残渣や生ゴミは山際近辺に放置せず、山から離れた場所に固めて管理処理を行うか、早期に土中に埋めるなど、集落全体で不用意にサルへ農作物を与えないよう、適正な処分を行う。

＊1　キズものの農作物や、収穫を終えた小さな果実などがついた植物体。

**お墓参りのお供え物は持ち帰り、山沿いには被害を受けにくい作物を作付けする**

山中や山際近辺にお墓がある場合、お墓参りにおけるサルのエサとなるお供え物は必ず持ち帰る。また、被害を受けやすい農作物はできるだけ山沿いの農地には作付けしない。山沿いの農地では、被害を受けにくい農作物であるタカノツメ、トウガラシ、ピーマン、コンニャク、ゴボウなどを作付けするように心がける。山沿いの農地に被害の受けやすい農作物を作付けする場合は、簡易防護柵（おうみ猿落・猪ドメ君：詳細は後に示す）、電気柵などを設置してハード対策を行う。一カ所でも放任すれば里のエサ場価値が下がらないので、家庭菜園であっても、簡易防護柵を設置するのが望ましい。

**軒下に農作物を吊すのは止める**

サルの被害が多い地域でも、軒下にタマネギ、ダイコンや干し柿を吊している状況をよく見かける。これは、サルに「ここの里はエサが豊富ですよ」と言っているようなものである。猿害多発地域では、目に付くところに不用意に農作物を保存することを当面自粛しなければならない。

**果樹は切り倒すか低木仕立てにする**

不要なカキの木などの果樹は切り倒し、必要な果樹は低木仕立てにする。これは、里のエサ場価値を下げると共に、サルの逃げ場所をなくす。

以上のソフト対策三ポイントを遵守して、集落全体で里のエサ場価値を下げ、サルにとって魅力のない里を作り上げる。里からサルを追い上げて緩衝地帯を農耕地から山側へ押し上げることが重要である。

## ハード対策で農作物を守る

### 電気柵を設置する

サルはイノシシやシカ用の物理柵だけでは侵入を防止できない。サルはいくら立派な物理柵を設置しても、手足を器用に使って柵越えを行うからである。したがって、サル対策には電気柵の設置が必要になる。電気柵でも常に地面に脚が着いているイノシシやシカでは数本のプラス線（地面がマイナスとなる）だけでよいが、サルは地上から離れて柵を登るため、サルを通電させるためには柵にプラス線とマイナス線の両線が必要となる。電気線の電流は安全対策のため、およそ一秒間隔で瞬間に流れる仕組みになっているが、電線を張っただけの電気柵では、学習したサルが通電しないその一秒の間にくぐり抜けるか、支柱をうまく登って侵入される場合が多い。一方、ネット型の電気柵の場合はそのくぐり型侵入を回避できる。しかし、地際にプラス線がある電気柵では草による漏電で電圧の低下が心配になる。京都大学霊長類研究所では、それらの欠点を補った電気柵の開発研究を行っている。電気柵は個々の農地で設置するのではなく、集落単位で山と農地の間に一直線に設置するのが望ましい。

電気柵対策では、設置後の電圧管理が重要である。特に、設置直後において、漏電で電圧が低下していた場合、サルがその時に電気柵内に侵入すれば、その後適正な電気柵の管理を行っても学習により容易に侵入されるようになる。物事は何でも最初が肝心である。また、設置後においても適正なメンテナンスを行わなければ、すぐに効果が激減する。したがって、電気柵を設置したことで安心してしまうのではなく、集落で定期的に電圧のチェックや草の管理システムを構築することが重要である。ハード対策の電気柵においても、メンテナンスなどのソフト対策が肝要となる。

また、サルは高木から柵内に飛び込むため、設置前に柵周辺の樹木の伐採を行い、設置後も倒木などのチェックを定期的に行う。

## 簡易防護柵を設置する

滋賀県農業総合センター農業試験場湖北分場では、平成十二年（二〇〇〇）から農業サイドの立場から獣害対策に係る試験研究を実施している。農業サイドから獣害対策に関する試験研究を行っている研究機関は国内にはほとんどない。その中で奈良県農業技術センター果樹振興センターとの共同研究として、簡易防護柵の研究開発試験を行っており、平成十三年に簡易防護柵、おうみ猿落《えんらく》・

写真2　農業試験場湖北分場の展示圃場に設置した簡易防護柵「おうみ猿落・猪ドメ君」

猪《しし》ドメ君「ジャンボ」（写真2、表1、図4・5）、「サーカステント」（表2、図6・7）、「サーカス・ジャンボ」を開発した。本防護柵は、園芸資材の弾性ポールの弾性力を利用した簡易防護柵である。これらの柵はサルに対する侵入防止効果が高く、従来の猿落君に比べて耐雪性も向上している。

表1　おうみ猿落・猪ドメ君「ジャンボ」の資材一覧

| 資材名 | 規格 | 個数／100m |
|---|---|---|
| 弾性ポール | ヒラ7 S3.0m | 110本 |
| 単管パイプ(農業用) | 19mm 5.5m(1.83m×3に切断) | 60本 |
| フックバンド | 19×19mm用 | 100個 |
| トラロープ | 直径12mm、長さ100m | 1巻 |
| 鉄筋(さし筋アンカー) | 40cm(曲げてペグとして使用) | 400本 |
| サルよけ網 | 3m×20m（4.5cm目） | 5枚 |
| シシよけ網 | 2m×15m（12cm目） | 7枚 |
| 結束バンド | 140mm | 500本 |
| ビニルテープ | 絶縁テープ黒色 | 10個 |
| ホース(クッション) | 直径15mm | 5m |
| 鳥脅しテープ | 長さ90m | 5個 |
| ゴムヘビ | — | 10匹 |

表2　おうみ猿落・猪ドメ君「サーカステント」の資材一覧

| 資材名 | 規格 | 個数／100m |
|---|---|---|
| 弾性ポール | マル55 2.7m | 200本 |
| 単管パイプ(農業用) | 19mm 5.5m(1.83m×3に切断) | 95本 |
| フックバンド | 19×19mm用 | 100個 |
| トラロープ | 直径12mm、長さ100m | 1巻 |
| 鉄筋(さし筋アンカー) | 40cm(曲げてペグとして使用) | 400本 |
| サルよけ網 | 3m×20m(4.5cm目) | 10枚 |
| シシよけ網 | 2m×15m(12cm目) | 7枚 |
| 結束バンド | 140mm | 1,200本 |
| ビニルテープ | 絶縁テープ黒色 | 20個 |
| ホース(クッション) | 直径15mm | 10m |
| 鳥脅しテープ | 長さ90m | 5個 |
| ゴムヘビ | — | 10匹 |

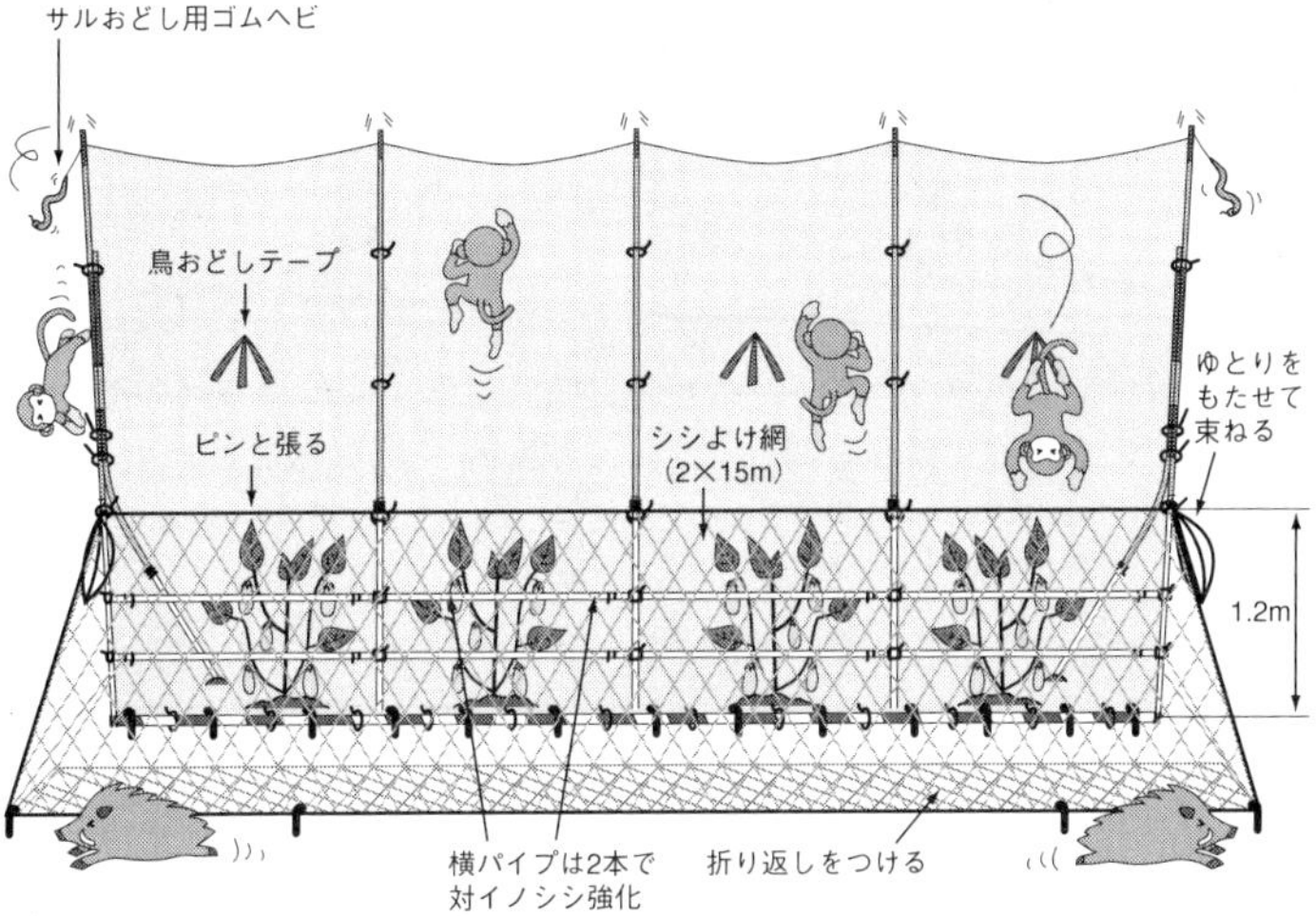


図4　おうみ猿落・猪ドメ君「ジャンボ」側面図

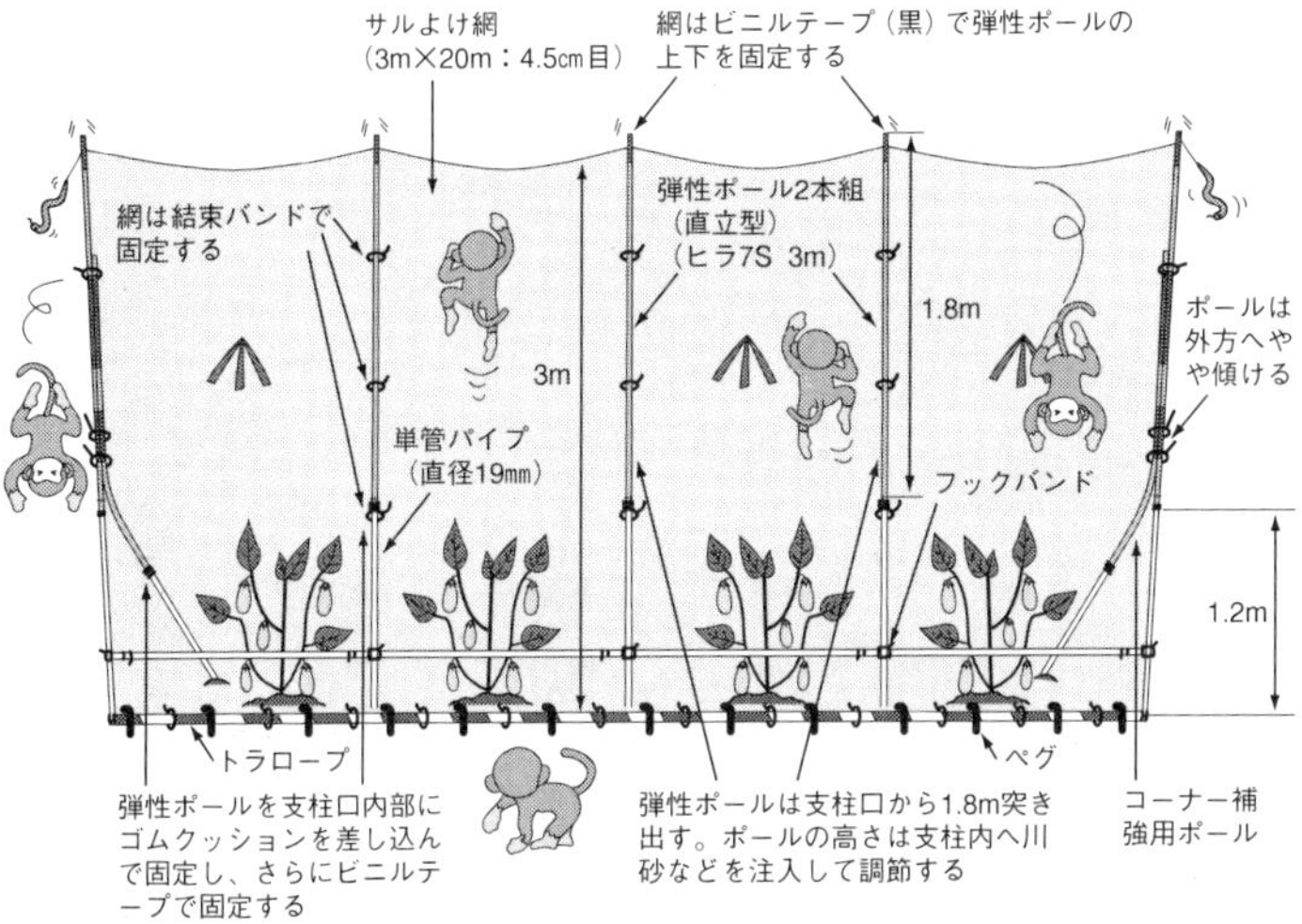


図5　おうみ猿落君「ジャンボ」(弾力性が高い弾性ポールを使用) 側面図
(猪ドメ君は省略)

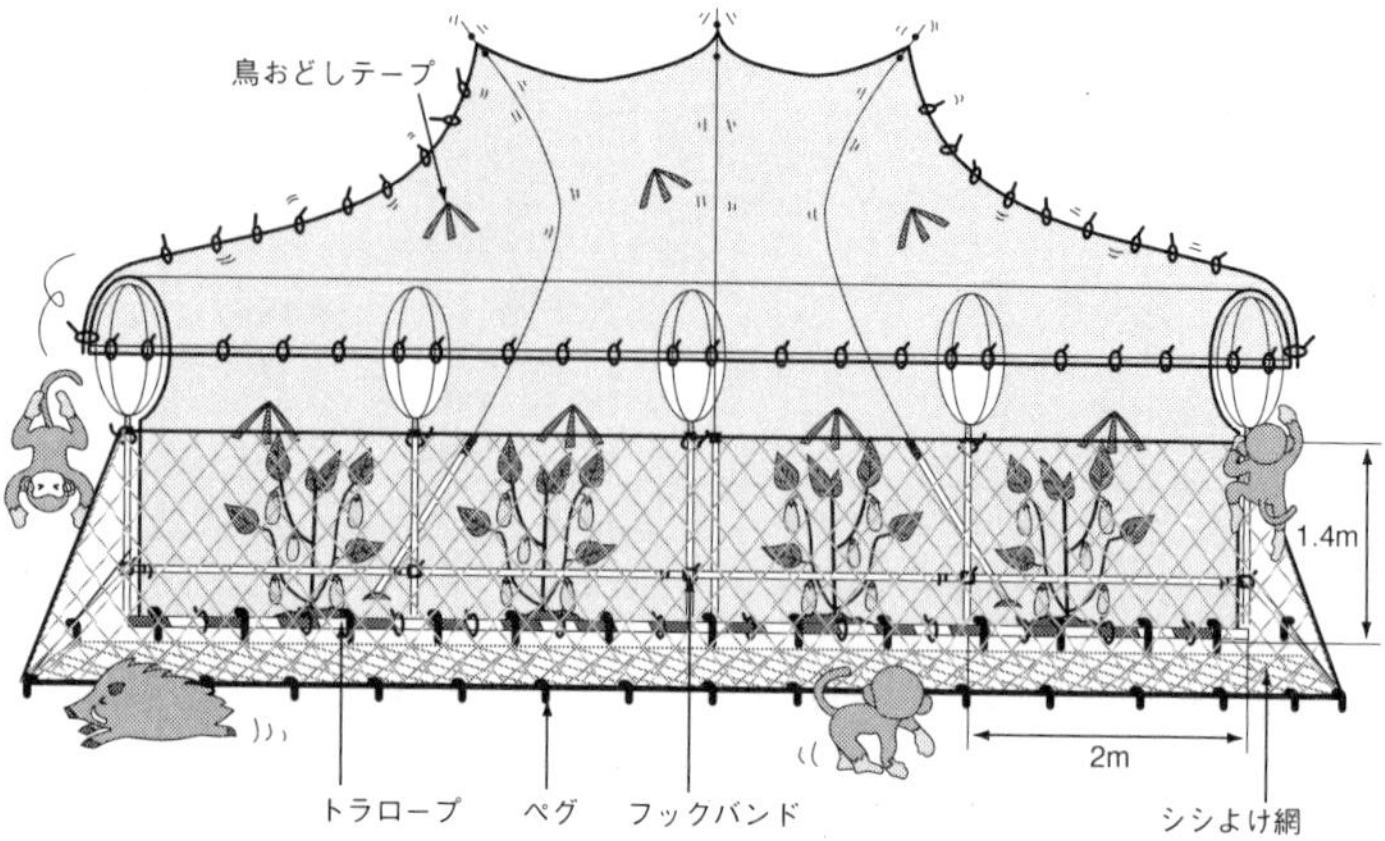


図6　おうみ猿落・猪ドメ君「サーカステント」側面図

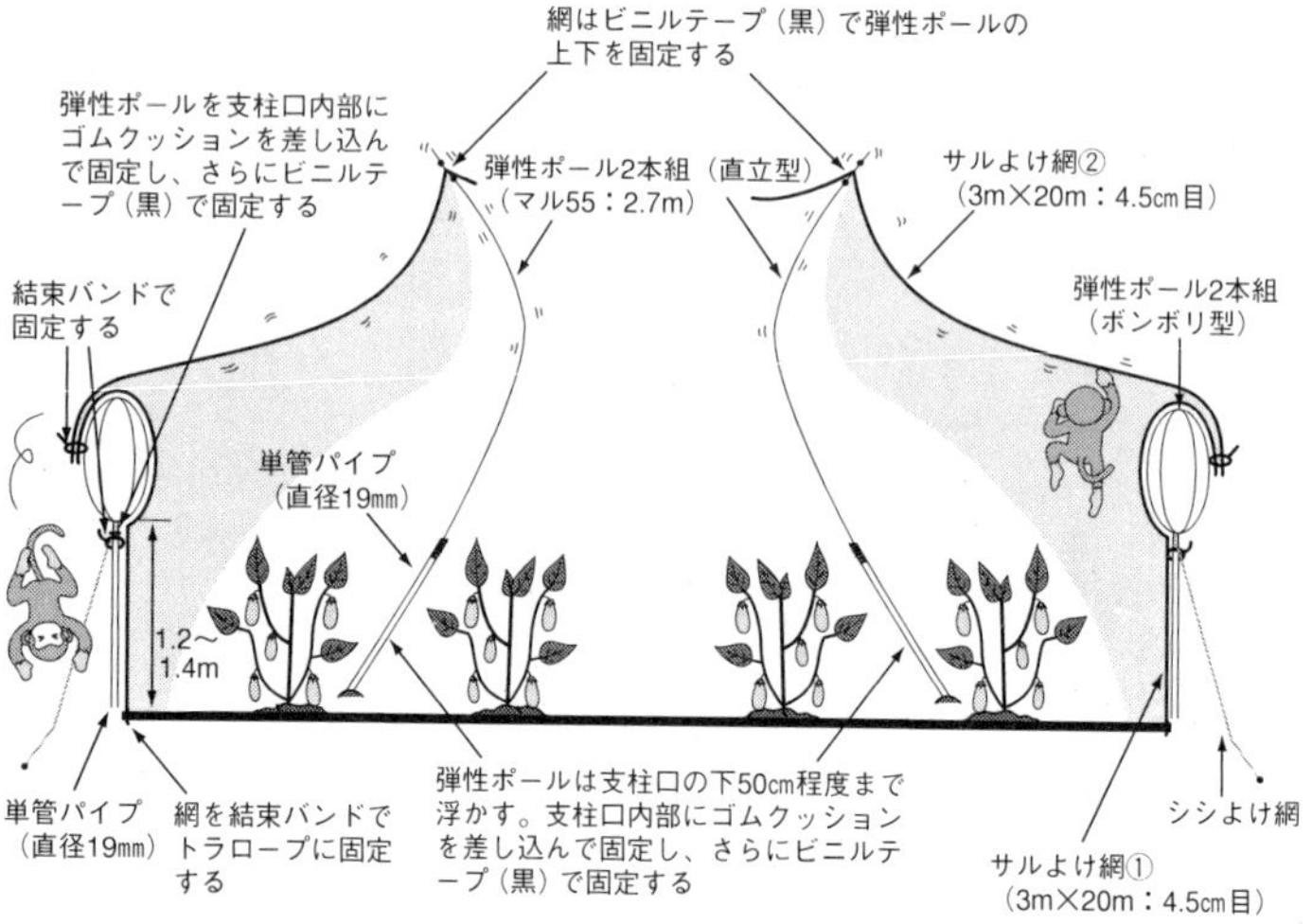


図7　おうみ猿落・猪ドメ君「サーカステント」側断面図

## サルの個体数管理を行う

滋賀県では、農作物などへのサル被害の減少を目的とし、人とサルとの共存を図るため、専門家による滋賀県ニホンザル保護管理計画検討委員会を設置し、動物保護団体、自然保護団体、農林業団体、獣医師団体、市町村の関係者の間で検討会を行ってきた。これらの内容は、さらに滋賀県環境審議会自然環境部会において審議され、平成十四年に滋賀県ニホンザル保護管理計画が策定された。

滋賀県には一三三のサルの群れが確認されている。これらの群れに対し、個体群の保全上重要な群れおよび被害発生の程度、被害軽減の可能性の評価、それに応じた被害対策の選択基準（加害レベルの評価、行動域の集落、農地への依存度、行動域のサルのエサ場になりうる森林植生の状況などを考慮）を設け、それらに基づいて群れごとの保護管理方針の決定を行った。そして、要因除去法（上記の里のエサ場価値を下げるの項参照）を行うことを前提条件に、上記のすべての条件を考慮して、一部の群れにおいては、部分捕獲または全体捕獲対象の群れを提示した。現場では各地域振興局単位で協議会が設けられ、捕獲の実行決定は協議会に委ねられている。

## 被害住民の意識変革を行う

獣害は被害住民自らが積極的に対策を講じることが大切である。それゆえ、従来の住民一人ひとりの意識を変革する必要がある。

たとえば、猿害多発地域において、Aお婆ちゃんとBお婆ちゃんとが山沿いで隣同士で家庭菜園を行っていると仮定する。お婆ちゃんらは楽しみで毎年この地で家庭菜園を行っている。しかし近年、サルの被害が多く、収穫物はほとんど口にできない状況にある。そこで、Aお婆ちゃんが図8のとおり防護柵（おうみ猿落・猪ドメ君）を設置した。設置以降、Aお婆ちゃんの畑の被害はなくなり、サルの被害はBお婆ちゃんの畑へ集中する。そのとき、Bお婆ちゃんは家に帰っておじいちゃんにこのように話す。「Aさんが自分とこの畑だけ防護柵で囲みはったから、サルがみんなうちの畑へ来る。Aさんは自分のことだけを考えて行動するからかなわんな。人が迷惑してるのわかっているのやろか」。

ここで考えてみる。被害住民の目的は集落全体で里のエサ場価値を下げるということである。Aお婆ちゃんが防護柵で囲んだら、Bお婆ちゃんは「Aさん

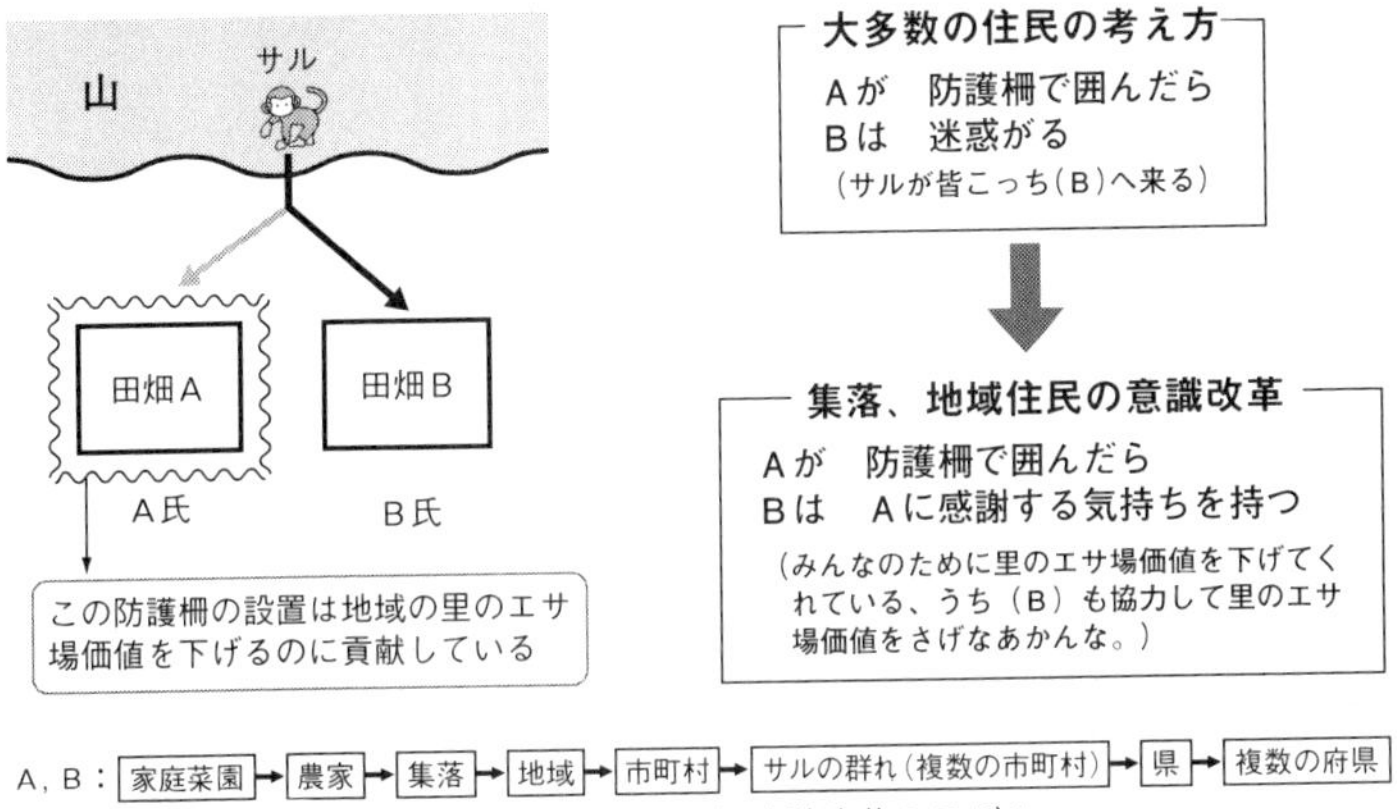
山
サル
田畑A
田畑B
A氏
B氏
この防護柵の設置は地域の里のエサ場価値を下げるのに貢献している
大多数の住民の考え方
Aが　防護柵で囲んだら
Bは　迷惑がる
（サルが皆こっち（B）へ来る）
集落、地域住民の意識改革
Aが　防護柵で囲んだら
Bは　Aに感謝する気持ちを持つ
（みんなのために里のエサ場価値を下げてくれている、うち（B）も協力して里のエサ場価値をさげなあかんな。）
A，B：家庭菜園→農家→集落→地域→市町村→サルの群れ（複数の市町村）→県→複数の府県

図8　集落、地域の猿害対策に関する理想的意識改革のモデル

は集落みんなのために防護柵で囲んでくれはったんやな。うちもみんなのために里のエサ場価値を下げるために何か協力しなあかんな」と言えるように個々の住民の意識改革を行う必要がある。

ここでは、家庭菜園という小規模面積の話をしたが、規模が集落、市町村、県と大きくなっても同様なことが言える。A町がハード事業で防護柵を設置すれば、隣のB町でサルによる被害が増大した。B町役場の獣害担当者はA町役場を非難する。こういう状況は地域での獣害対策会議上でしばしば見受けられる。獣害は便宜的に区切られた市町村単位で対応するものではなく、山もしくは群れを単位として対策を講じるべきものである。集落、行政などの協力関係が必要であり、人とサルとが共存するためには、被害住民、行政の意識改革が必要である。

## 見える柵と見えない柵

獣害対策というと、電気柵、物理柵などのハード対策を思い浮かべる人が多いのではないだろうか？　しかし、地域にハード対策を導入しても、獣害が解決していない地域がほとんどである。なぜなのだろうか？　その原因について考えてみよう。

### 動物園における人と野生獣との共存

多くの日本人は生まれた時から動物園という存在を知っている。子供たちは動物園内の動物を「ライオンさん」「ゾウさん」「クマさん」「キリンさん」などと呼び、野生獣に対してペット感覚で接している。このように狭い動物園内で人と野生獣とが共存できているのは、人と野生獣との間に見える柵があるからである。もし、その柵が壊れればどうなるだろうか？　パニックが起きて、大騒ぎになるであろう。すなわち、人と野生獣とが共存するためには柵という物理的道具が必要になる。

## 自然界における人とサルとの共存

自然界では、つい最近まで、人とサルとは共存できていた。動物園のように見える柵があったわけでない。人とサルとの間に立派な見えない柵が存在していたのである。現在、見えない柵が崩壊して、人びとはパニックになっている。私たちは、経済成長の影響に伴って、目の前の利益だけを追求してきた。自然を少しぐらい破壊しても儲かればよい、便利になればよい、という認識のもとで生活してきた。近年、そういう施策が見直されようとしており、地球環境保護の立場で、持続可能な中長期的対策が唱われるようになった。猿害現象はサルが人に教えてくれた一つの警告でもある。ヒト（ホモ・サピエンス）という種の延命を考えるならば、もう一度、私たちの生活様式を見直し、人とサルとが共存できる方策を考える必要がある。

## 見える柵と見えない柵

見えない柵とはどういう柵であろうか。崩壊した見えない柵を再建するには、相当な年月を要する。上述した猿害原因である、①森の変化、②里の変化、③

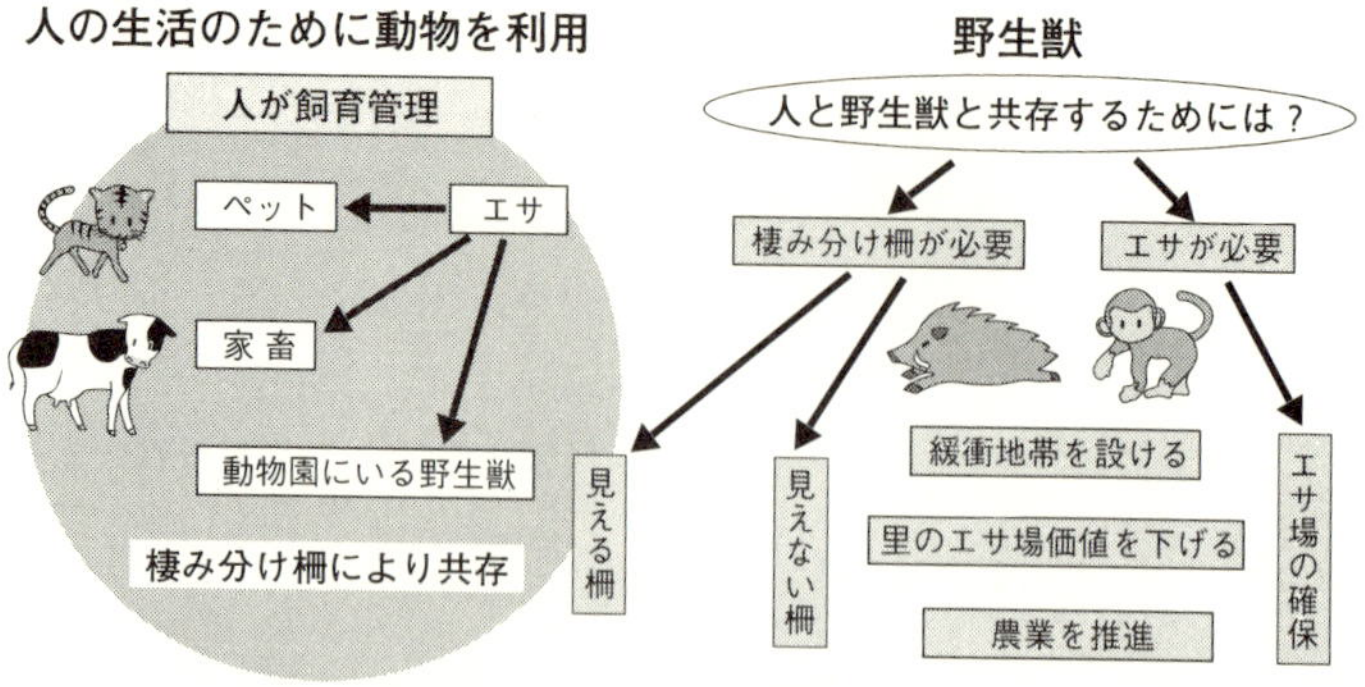


図9　ペット、家畜、動物園の野生獣と野生獣との違い

気象の変化の三要因を改善する必要がある。すなわち、山を豊かな森に変える（エサ場の確保、地球温暖化抑制）、多くの人が農耕地や雑木林を利用する（サルに対する人圧の増加）、環境資源の節約やリサイクルを地球規模で行ったり、有害廃煙や廃液の不法投棄防止を行う（地球温暖化抑制）などを広域に実施する必要がある。山奥にサルのエサになる広葉樹を計画的に植林して多様な微生物や動植物が繁殖できる健康的な山へ戻す。広葉樹、特にブナ科植物には多様な生物種が依存している。ブナ科植物などの広葉樹の植林による生物多様性の維持と復元は、猿害対策につながる。

## 教育的対策

ペット、家畜、動物園内の動物などと野生獣との違いは何であろうか？　図9のとおり、ペットなどは人がエサを与えて、人が直接的に飼育管理する動物であるのに対し、野生獣は人がエサを与えないことが前提条件となり、人によって直接的に飼育管理しない動物である。したがって、ペットと同様に人が野生獣にエサを与えると、その野生獣は野生獣ではなくなることになる。人と野生獣が共存するためには、ペットなどと区別して、野生獣は野生の獣として対応しなければならない。動物園の中のサルやライオンは野生獣ではなくなった動物として理解すべきである。

テレビなどのマスメディアの発達により、多様な情報が飛び交っている。子供も大人も、野生獣とペットの分別が付かなくなっている。サルについては、「おサルさんかわいい！」、「おサルさんがかわいそうだからエサをあげよう！」、「おサルさんをいじめちゃダメ！」などが教員も含めての大多数の見解である。人とサルとの共存を可能にするためには、子供たちにペットと野生獣の違いをしっかりと教育することから始まる。人と野生獣との共存を実現させるためには、人と野生獣とを常に対峙関係に置かなければならないこと（サルをいじめる：サルに石を投げつけることなど）の必要性を子供たちや教員に理解させることが必要である（野生獣にペット感覚でエサを与えたり、野生獣を直接的に愛護することは真の優しさでないことを教える）。従来の情操教育の一環としての動物愛護教育と切り離して、人と野生獣とが共存するための実益的な動物学教育を行う必要がある。

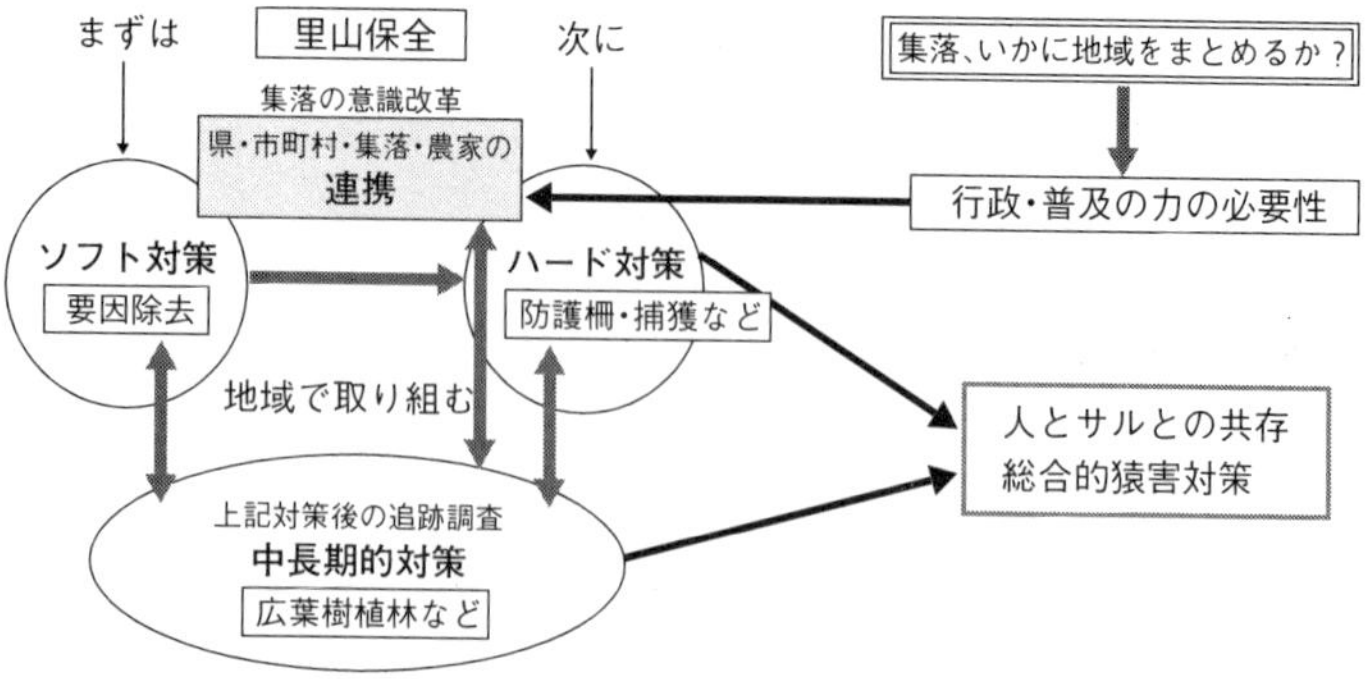


図10　猿害の総合的対策のモデル

## 猿害に特効薬なし

学習能力が高いサルに特効薬はない。見えない柵が崩壊したが、すぐには見えない柵を再建できない。緊急対策として、人とサルとが共存を行うためには、見える柵も同時に設置していかなければ対応できない。猿害をなくすためには中長期的な総合的対策が必要であり、獣害対策は一つの偏った技術だけではなく、図10のとおり、さまざまな対策を講じて、合わせ技で対応して行かなければならない。猿害は前述したように歴史的な複雑な原因があって急増した。猿害には完璧な対策がないので、地域全体で対策技術を積み重ねて実行することが大切である。

獣害対策は個々の農家で農作物を守るのではなく、集落、地域単位で広域に里のサルのエサ場価値を下げることを終局の目的とする。それには、集落、地域住民の獣害対策に取り組む意識改革が大切である。猿害対策の基本は追い払い等のソフト対策であり、その次にハード対策を取り入れるようにする。また、併行して中長期的対策を実施することにより、初めて人とサルとの共存が可能となる。滋賀県での広葉樹割合は他府県に比較してまだ高い地域が多いため、サルを山へ戻して人とサルとが共存することは可能である。人とサルとが共存を図るためには、農家、集落、農協、市町村（行政、指導）、県（行政各部署、普及、研究）、国（行政、研究）が連携した仕事を実施することが重要である。

野生獣による農作物被害を軽減させるには、崩壊しかけた里山を昔のような健全な里山に戻す必要がある。昔の里山構造には人と野生獣とがうまく付き合っていく秘密が隠されている。

# 家畜放牧ゾーニングによる獣害回避対策

上田栄一
（滋賀県農業総合センター農業試験場湖北分場）

イノシシ、サル、シカなどによる獣害は、中山間地域を中心に深刻な農作物被害を引き起こしている。これらの地域ではトタン板囲いや網、電気柵などできる限りの防護柵が設置されることが多い。トタン板は年中設置しておけないので収穫が終了すると撤収されるが、設置や撤収に対する労力は極めて大きい上に、格納場所も大変である。電気柵は設置や撤収は比較的容易なものの、設置期間中通電しているか常時確認しておかなければならない。とくに雑草が伸張してきて電線に触れると漏電してしまうため、夏場の草刈りを頻繁に行わなければならず、維持管理にかなりの労力を要する。とにかく獣害対策は、金銭的にも肉体的・精神的にも大変なことだけは間違いがない。

写真１　イノシシに押しつぶされて侵入されたトタン柵

ところが近年では設置したトタン板を持ち上げる、上から押しつぶすなどでイノシシの侵入を許してしまうという事態が見られる（写真１）。当然、網は食いちぎられるし、電気柵でも通れそうなところを探し出して侵入するなど執拗な攻略に出くわすことが多い。このため、集落を単位に共同で防護対策を実施するところが見られるようになってきた。共同での対策では、当番制で維持管理に当たったり攻略箇所を補修したりすることができるので、比較的完璧な防護が可能となっている。とにかく獣害を許してしまうと農業生産をあきらめざるを得なくなり、いったん農地を荒廃化させてしまうと背の高い雑草に覆われ、より野生獣を里に引き寄せることになる。そうすると、野生獣に人の生活権まで脅かされることになってしまうのである。

最近心配なことは、野生獣が人身事故を起こすような報道が見られるようになってきたことである。人に慣れてきて、少々のことでは人を恐れなくなってきているようである。とりわけお年寄りや子供、あるいは女性といった弱い人を恐れなくなりつつあることは、極めて深刻な事態だと受け止めるべきである。

滋賀県農業総合センター農業試験場湖北分場では、平成十二年（二〇〇〇）度から獣害対策の試験研究に取り組んできた。浅い経験ながら簡易防護柵の開発や被害を受けにくい作物選定、栽培方法の開発などでいくつかの成果を得ることができた。また山際に家畜放牧ゾーンを設けて（湖北分場では「放牧ゾーニング」と名付けた）牛やヒツジ、ヤギを放牧したところ、獣害がほぼ完全に防止できたうえに、多様な効果を確認することができた。ここではこのような「放牧ゾーニング」の取り組み状況を紹介する。

## 家畜放牧による獣害回避対策の試み

### 放牧を実施するまでの被害状況

私が勤務している滋賀県伊香郡木之本町ではイノシシやサルの農作物被害が多く、とりわけ今回放牧を行うことになった小山《こやま》地区では深刻な問題となっていた。そこで湖北分場では平成十二年に「猿落君《えんらくくん》」という簡易防護柵の現地実証試験に取り組むこととしたが、よくよく周囲を見ると水田の大半が耕作放棄または不作付け水田であった。詳しく調査を行ってみると、集落と山との間に

図１　獣害による現地の水田利用状況

ある三七筆、五ヘクタールの水田のうち耕作放棄または不作付けは二七筆、三・五ヘクタール（図１）にも及んでいた。

　耕作されない原因を集落で聞き取り調査してみたところ、ほとんどが「イノシシの食害や踏み荒らしがひどくて耕作できない」ということであった。現に耕作している水田はトタンや網で一筆ごとに完全に囲われていて、小さな水田はありったけの竹を持ち出して囲っているところも見られた。このままでは集落と山との間の水田は近い将来、すべてが耕作放棄されるのではないかという

写真２　イノシシに侵入された「猿落くん」（現地実証試験圃場）

写真３　耕作放棄されススキや畔の木が生い茂る水田

写真4　放牧のために設置した牧柵

写真5　飲料水は谷川の水をパイプで引いて確保した

状況であった（写真2、3）。

## 和牛放牧による獣害回避予備試験の実施
### 荒廃化した農地を放牧地に

「牛を放牧することでイノシシの出没が減った」という情報を島根県太田市の放牧事例で聞いていたので、これほど広範な農地なら放牧が可能だと判断し、平成十三年度に集落の有志に声をかけてみたところ「是非ともやってほしい」ということになった。そこで山際の農地六筆七五アールを、金網フェンスと電気柵で囲って和牛を放し、予備試験としてようすをみることにした（写真4）。放牧地は水田とはいえ長年耕作されていないため、背丈以上のススキが生い茂り、一筆の水田内にイノシシのヌタ場が一〇カ所以上あるほ場も見られた。さらに畔の木が生い茂る水田があり、これは牛の日陰地として役立った。飲水は山から流れ出るわき水を六メートルほどのパイプを通し確保した（写真5）。八月下旬に和牛二頭を放したが、あまりにもススキが繁茂していたため、

写真6　放牧地の家畜

草がなくなってこなかった。

そこで、九月中旬に新たにヒツジとヤギを三頭ずつ追加入牧した。

**老人や子供の憩いの場に**

もともと滋賀県の湖北地域では畜産農家が少なく、小山集落でも家畜を飼わなくなってずいぶん経過しているらしく、牛は非常に珍しい動物であった。しかし、放牧地に牛・ヒツジ・ヤギを放したことから、いわばミニ動物園ができた格好になり、翌日には老人車を押したお年寄りが見に来て、長い時間牛が草を食べているのをじーっと眺めている光景が見られるようになった。秋には近くの小学生がスケッチブックを持って牛の写生を行っていた。さらに新聞報道されてからは、遠方からの見学者が多数訪れるようになった（写真6）。

**手間も金もかからない**

当初、集落では「手間のかかることはいや」と言われていたので、手間をかけないことを最優先で取り組んできた。牛は日陰と水飲み場だけを確保したら、後の飼料給与などの日常作業は一切いらない。飼料はもっぱら放牧地内に生えているススキや雑草の

写真7　放牧終了時の水田の状況

みで、購入飼料はほとんど与えなかった。柵以外に新たな施設は何も導入しなかったし、牛は県の畜産技術振興センターの廃用繁殖牛を借用した。

**荒廃化した農地が見事な景観に変わった**

二カ月半の放牧によってほぼ雑草は食い尽くされた。それまでの荒廃化して背丈以上の雑草が生い茂っていた水田は、見事に草がなくなり水田の輪郭が鮮明にわかるようになった。荒廃化した農地が牛たちによって見事に景観形成されたのである（写真7）。

**ほとんどの人が「獣害が減った」という上に**

肝心の獣害はどうなったのか。放牧期間中、観察を行ったが一度もイノシシが出没することはなく、サルも山際を移動するだけで決して農地には降りてこなかった。また、集落の全住民にアンケート調査を行ってみた。詳細は後述するが、獣害が「まったくなくなった」「減った」という答えが八五％にも及び、改めて家畜放牧が大きな効果を得られたと確認することができた。また「畜産はきらいだからやめて」という声もまったくなかった上に、「集落が活性化された」とか「お年寄りや子供の憩いの場ができた」といった当初想定していなかった効果を確認することができた。

## 放牧終了後の集落住民へのアンケート調査結果

予備試験を集落住民はどのように感じ取ったのか。小山集落の全住民を対象としたアンケート調査の結果（一〇〇名ほどの住民の九〇％が回答）では、「放牧を見に行った」という人は九六％に及び、その内、「数回行った」四四％、「よく見に行った」四五％で、複数回見に行った人が多く、「よく見に行った」は中高年者ほど多かった（図2）。

獣害について「まったくなくなった」「減った」という答えは八五％にも及び、極めて大きな効果を確認することができた。

また家畜放牧の効果について、「お年寄りや子供の憩いの場ができた」あるいは「集落共通の話題ができ集落が活性化された」が二八名、「田んぼの景観が良くなった」が三一名と最も多く、当初予期しなかった回答を得た。ともすれば農地が粗放化し、人びとの日常会話が減り、過疎化現象に拍車がかかる中山間集落において少なくとも活性化の糸口を作ることができたことは大きな成果であった。

質問１　どのくらい見に行きましたか？（見に行ったことがある人のみ）

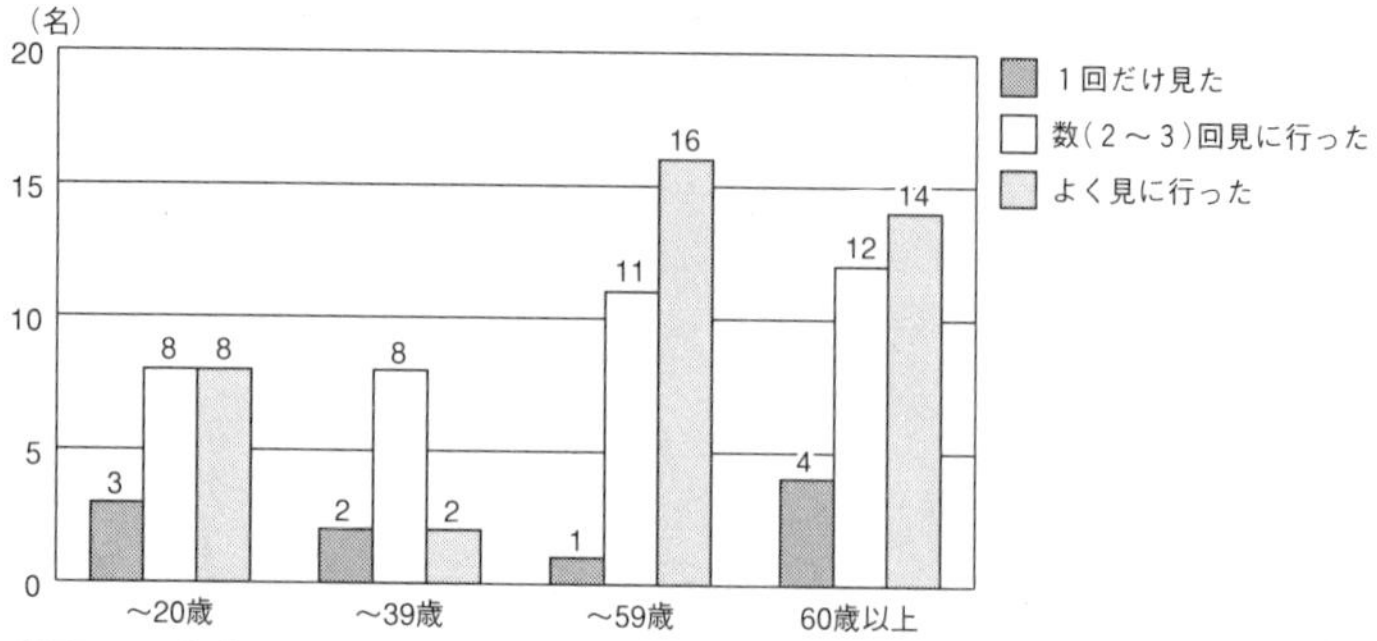


質問２　家畜放牧で獣害は？

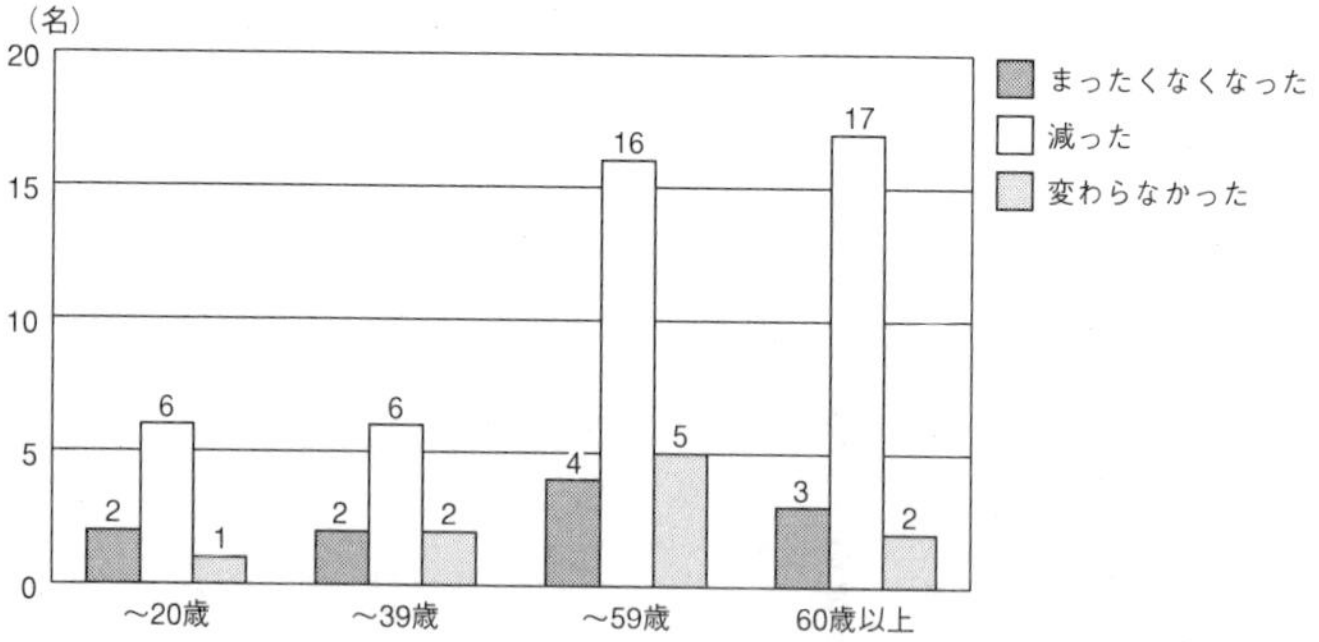


質問３　集落にとって家畜放牧の効果は？（複数回答可）

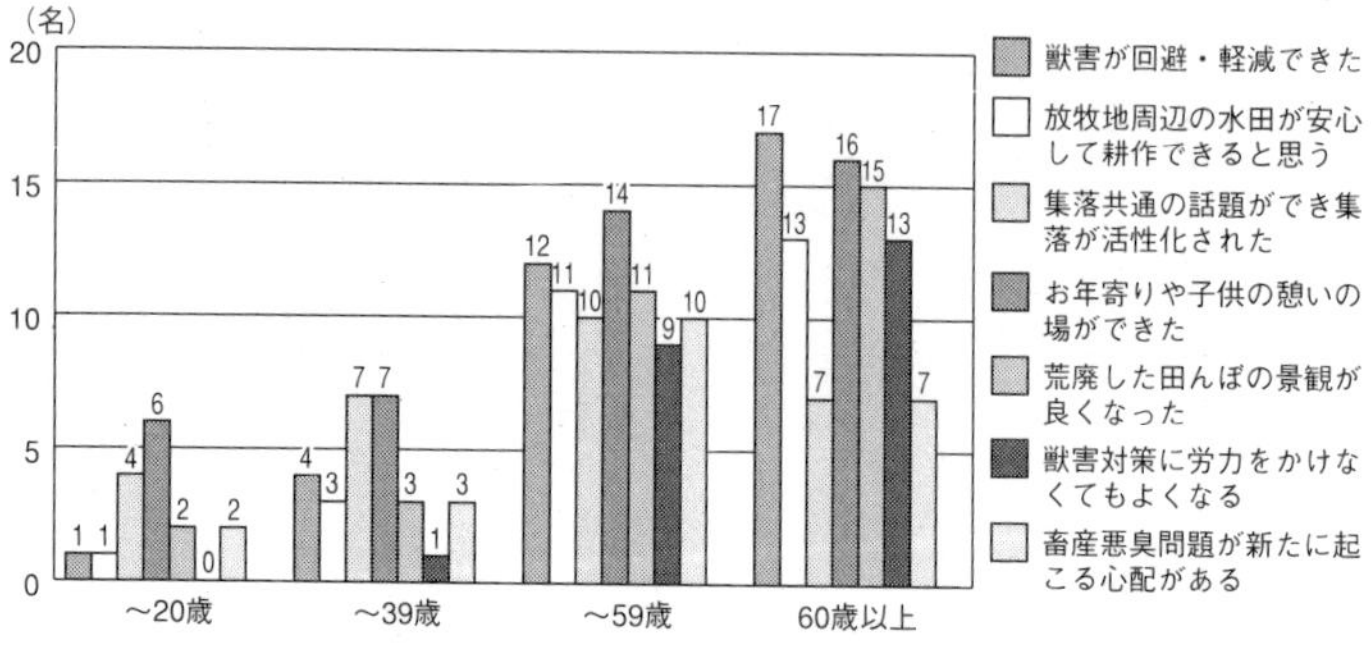


図２　家畜放牧による獣害回避試験アンケート調査結果
（平成13年12月実施。滋賀県農業総合センター農業試験場湖北分場調べ）

「獣害回避・軽減」「営農意欲の回復」「獣害対策労力削減」の効果も確認されたが、実感している年代として四〇代以上の日常農作業従事者の回答が高かった。

以上のような予備試験の成果をふまえて、平成十四年度から本格的な「放牧ゾーニング試験」を小山集落で実施することとした（写真8）。

## 家畜放牧ゾーニングによる獣害回避試験の実施

### 獣害回避だけでなく中山間地の活性化を目指して

#### イノシシはなぜ来なかったのか

本格的な放牧ゾーニング試験を開始するに当たって、予備試験でなぜ獣害が防げたのかを検討した。考えられる理由は、①荒廃地が解消されイノシシの生活領域になり得なくなった、②牛を囲い込む金網フェンスと電気柵を設置したためイノシシは物理的に侵入することができない、③イノシシにとって見たこともない大型の動物がいて驚異に感じている、④昼間に放牧を見に来る人がいる（人圧が高まった）などである。確かにイノシシにとって金網フェンスは容易に

写真８　放牧中の家畜

攻略することはできないので、今回はもう少し攻略可能な柵を試してみることにした。検討の結果、地上三〇センチと八〇センチの二段の電気柵区を設置することとした。そして、この試験ではあくまで「柵の比較を行いながら野生獣が放牧区という隠れ場所のない空間を通過するかどうかを確認する」ことを目的とした。

**不作付け農地にイノシシは現れるか**

ところで放牧ゾーニングに隣接した農地側は不耕作のままであり、これではイノシシが危険をおかしてまで通過しようとするか疑問である。すなわち食べるものが近くにないのに侵入することはないと考え、放牧ゾーニング域までに隣接する農地にはすべて農作物を栽培することにした。

**獣害対策は金を生む**

またこの試験は単なる獣害回避対策だけでは、耕作意欲が極端に減退している中山間地域を活性化させる起爆剤とはならないだろうと考えた。つまり、もともと耕作意欲のない農地に金をかけてまで獣害対策をしようとは思わないだろうということである。だから放牧ゾーニングに取り組むことによって経済的に

写真9　放牧地内に混播牧草を播種した

写真10　放牧地に隣接した集団転作の大豆培土作業

もプラスになる要素を織り込むことにした。

そこでまず、転作奨励金が得られないかを検討した。放牧を実施する水田に前年の晩秋に四種の混播《こんぱ》牧草[*1]を播種《はしゅ》し、技術要件を満たすよう取り組んできた（写真9）。同時に小山集落では個人バラ転作[*2]であったので、団地化要件に沿うよう、飼料作物一・五ヘクタール、大豆一・五ヘクタールの計三ヘクタールの集団転作[*3]にした。このため放牧ゾーニング区に隣接して転作田を集積し、大豆の集団転作に取り組むこととした（写真10）。このことによって、放牧ゾーニング域の内側にイノシシがねらう農作物を栽培できることになった。これで約三ヘクタールの飼料作物と大豆の集団転作団地ができあがり、約二〇〇万円の転作奨励金が得られることになるのである。

**獣害対策を通じて畜産振興につなげる**

さらに放牧する牛が和牛繁殖牛《はんしょくぎゅう》[*4]であれば、うまくいけば放牧を通じて「近江

*1　イネ科と豆科の牧草を混ぜて播種すること。

*2　農家個々がバラバラに転作を実施すること。転作奨励金がほとんど得られない。

*3　集落の合意のもとに実施される面的まとまりのある転作。

＊4　子牛を生ませるために飼われている和牛のメス牛。

牛生産」につなげることができる。獣害対策が無畜産地域から畜産振興を切り開いていくという極めて斬新な取り組みにすることができるのである。

本格的な試験の前段階として以上の事項を小山集落役員と膝を交えて話し合い、すべて実施できるようになった。

## 放牧ゾーニング試験の実施

**まずは獣害被害者自らが立ち上がること**

予備試験のゾーニング域に引き続き、山際の水田七五アールに二段の電気柵区を新設した（写真11）。今度は資材費の半分は集落が負担することとし、設置に当たっては集落からも出役《しゅつえき》してもらった。地域が費用負担することで、「自分たちの身銭を切った設備」と認識してもらうことができる。また施工に参加することで、電気柵設置技術を体得してもらうことができる。このようにしていけば自主的に電気柵の維持管理ができるし、集落として他にも電気柵設置が必要な場所があれば自力で施工することもできる。

写真11　ソーラータイプの電気柵

**牛は複数以上で放牧すること**

放牧は二区で各区和牛二頭を放牧し、昨年同様金網フェンス区はヒツジと

写真12　放牧は必ず複数以上で行うこと

写真13　集落の年輩者が日陰小屋作りの奉仕作業

ヤギを各三頭放した。一般に和牛放牧は一ヘクタールで二頭が適正規模と言われており、小山では水田の水張り面積が七五アールで傾斜畦畔を含めると一ヘクタールとなり、ほぼ妥当な頭数である。ただし牧草の生育はスプリングフラッシュといわれる五月中旬から六月中旬では食い込みが追いつかないほどの草量となるのに対し、梅雨あけの盛夏から初秋にかけては不足しがちとなる。また二頭ペアで放牧しないと単一個体のみでは牛がおびえてしまうので注意が必要である（写真12）。

## 放牧に金も手間もいらない

放牧に絶対に必要なのは日陰と水飲み場である（写真13）。水は新鮮で特に夏場は冷たいものを確保しなければならない。わざわざ日よけ小屋を建てなくても立木をゾーニングの中に取り込めれば充分である。日常の飼料給与は草さえあれば必要ないが、牛に人が管理していることを分からせるよう定期的に人が見に行くことは必要である。また牛の移動などで牛をつかまえる必要があるが、放

写真14　葉っぱで電線に触れてみると通電しているかがわかる

牧になれた牛は容易に捕獲できない。ときどき配合飼料を与え、牛を人に慣れさせる訓練は必要である。

## 電気柵は定期的な管理と事故防止策を

金網フェンス区はほとんど維持管理を行う必要はなかったが、電気柵区はしばしば通電障害が発生した（写真14）。牛が何らかのはずみで電線に触れ、碍子《がいし》から電線をはずしてしまってアースとなる支柱の上に乗ってしまう事態が何回かおこった。常時テスターで七〇〇〇～八〇〇〇ボルトを下回っていないか点検することが必要である。とりわけ入牧直後は、まず電線を数回触らせ感電を経験させることが大切である。当然、部外者とりわけ見学者があやまって感電しないよう看板の設置は絶対に必要である。特に子供でもわかるように大きな文字でひらがな表記することが望ましい。感電してけがをすることはあまりないが、感電したショックで転倒して骨折というケースが報告されている。

## 集団転作による大豆の栽培

一方、集団転作として取り組んだ一・五ヘクタールの大豆栽培も順調に進み、「土壌改良資材の投入」「鳥害防止技術」「適正播種量」「中耕・培土」「病害虫防

写真15　ラジコンヘリによる大豆防除作業

写真16　コンバインによる大豆収穫作業

除」「コンバイン収穫」など技術要件もすべてクリアして収穫を終えた（写真15、16、図3）。品種は「エンレイ」で、平均単収は二四〇キログラムと高い収量を上げることができた。

## 放牧ゾーニングによってイノシシの行動が変化

放牧ゾーニングとは、山と農地の間に緩衝地帯として放牧地を設置し家畜を放牧する技術で、図4のようにイノシシやサルが容易に農地に侵入できない状

図3　試験区の設定

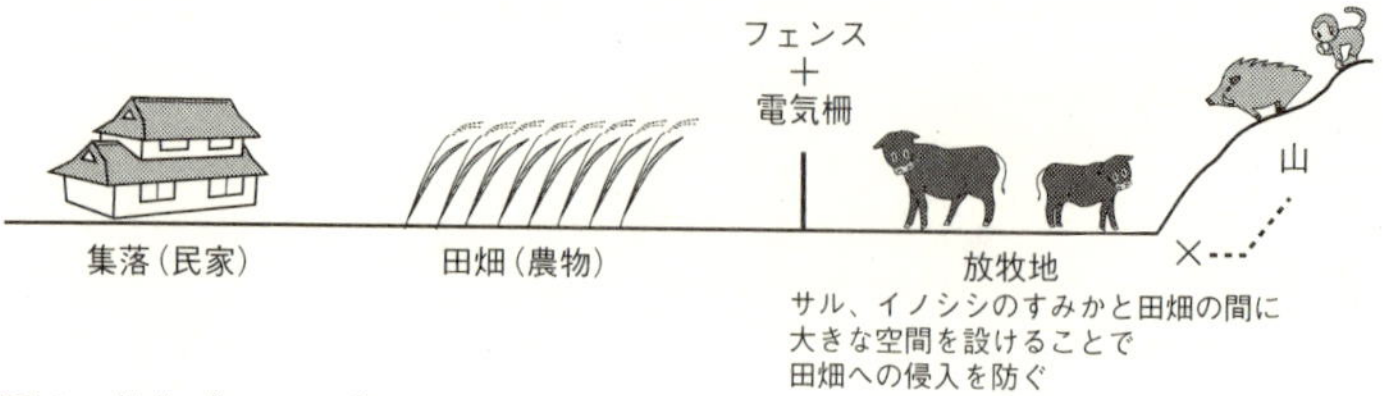


図4　放牧ゾーニングのイメージ

況を作ることである。

二年間実施してみたが、極めて大きな獣害防止の成果を生み出すことができた。イノシシやサルにとって「得体の知れない大きな動物」が驚異になっているだろうし、放牧地という広範な裸地を横切る危険性を感じているのだろう。いずれは攻略するのかもしれないが、まずは大成功であった。

小山の放牧前と放牧中にイノシシの痕跡調査及び被害調査を行ってみたのが図5、表2である。放牧前は山側の最も農地に近い等高線上にけもの道があってほぼ全域からイノシシの出没が見られ、山側の農地の大半が被害を受けていた。これに対して放牧中はけもの道がかなり標高の高いところに変わり、ほとんど出没が見られなくなった。おそらくイノシシは放牧区を完全に迂回したと考えられる。放牧中の図の右上の三カ所にまとまった出没があったところは、イノシシの出没を確認するために設けた対照区で、柵の外側に大豆を栽培したため、イノシシにより全滅した。

一〇月末に放牧地から牛を引き上げたが、驚いたことに牛がいなくなった翌日からサルの大群が連日押し寄せて、コンバイン収穫後のこぼれた大豆を食べに出てきた。

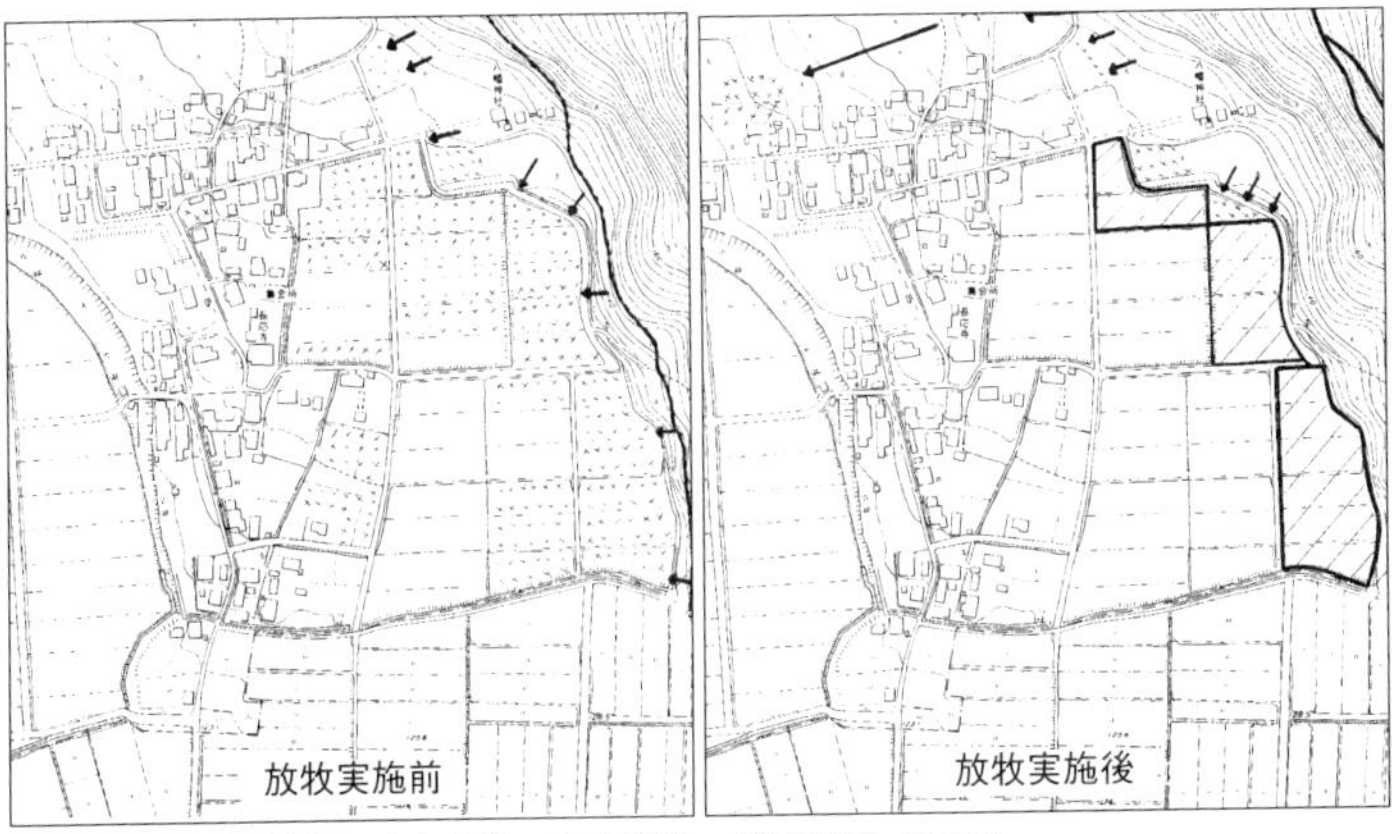


図５　放牧実施前後のけもの道、侵入経路、被害状況（2002）

表２　放牧実施前後と実施中のサル、イノシシの被害および行動状況

| | 放牧前後[1)] | 放牧中[2)] |
|---|---|---|
| 侵入回数[3)] | サル13回、イノシシ10回 | サル０回（０）、イノシシ３回（０） |
| 被害面積[3)] | 330 a | ０ a （０） |
| 農地の行動域 | 山側中心にほぼ全域 | ゾーニング外の北側に集中 |
| けもの道の位置 | 標高140m付近 | 標高200m付近 |

注１）放牧前：2002年４/１～5/27、放牧後：2002年10/30～12/25
注２）放牧中：2002年５/28～10/29、（　）は2001年８/20～11/13の回数と面積
注３）ゾーニング域とそれに面した農地で調査
(野生獣の行動調査は湖北分場の山中主査と滋賀県立大学環境科学部の井上氏が実施)

# 家畜放牧ゾーニングを中山間地活性化の起爆剤に

## 獣害対策のために被害集落はどうすべきか

### イノシシ被害地域は拡大している

湖北分場には年々獣害被害対策の相談件数が増加してきているし、視察件数もやはり増加の一途である。慢性的な被害地域はあまり話が出てこないのに対して、「今年初めて被害にあった」という現場から声高に問題の指摘がある。イノシシが増えているのか横着になってきているのか……どちらとも思える。

### 被害地域は対策努力をしているのか

市町村の獣害窓口担当者の意見は極めて厳しい。なぜなら地域住民からの苦情を真正面から受けているからである。一般に被害発生を見つけると「まずは役場へ連絡」となり、担当者が現場に急行して地域住民からあらゆる苦情を執拗に聞かされる羽目に陥る。しかしこれといった対策はないし、あっても莫大な資金や労力がかかるのが実情だ。ただいつも思うのは、地域住民が「被害回避対策をどれだけやっていたのか？」である。まず対策の知識がない、と言わざるを得ない。被害を受けた畑に野菜残渣を捨てたというのはもってのほかで、イノシシの大好物のサツマイモにも何の防護対策をしていなかったという事態が多く見られる。とにかく被害地域で知識も努力もないのが一般的な状況である。

**個人努力だけでは根本的解決策は見出せない**

我が家の畑だけ囲うことが多い。そうすると、囲わなかった隣が被害を受け喧嘩がおこる。大切なことは、その地域一帯から一切の農作物を食わせないことなのである。我が家はやられなくても隣が荒らされていたのではイノシシはやっぱり荒らしに来る。みんなが協力・共同して取り組めば最も効果的で、省力的で低コストで抑えることができる。

**獣害対策が発展して「住みやすい村づくり」に**

集落が共同でトタン囲いや電気柵を設置している事例を見ると、そういう集落は自主的な集落活性化機能を有していることが多い。いわゆる「住みやすい村づくり活動」を自力で推進している。もし集落が共同で獣害を抑えることができたとしたら、「次は共同で除雪を」とか「環境整備」など新たな取り組みに発展させる原動力にすることができるのである。

写真17　ゆっくりと草を喰う牛は、どれだけ見ていても飽きない

## 放牧ゾーニングは有効な集落活性化対策

### 「牛など飼ったことがない」でも大丈夫

牛はおとなしい動物である。そして怖がりである。だからおどかさないように優しく接していれば必ずなついてくる。少なくとも食べる草さえ確保できていれば、あとは牛に異常がないかどうかの確認程度で充分である。ただ異常事態発生の場合には、最寄りの養牛農家や獣医師との協力が得られるよう協調体制だけは確保しておくべきである。

### 「牛がのどかに草を喰う」光景は癒し系

草原で一日中牛が草を食べる光景は長時間見ていても飽きない（写真17）。特に家に閉じこもりがちなお年寄りが散歩代わりに牛のところへ来て、じっと長時間眺めている。そうするとお年寄りが出てきて井戸端談義に花が咲くという光景がよく見られた。

これはお年寄りの健康管理や日常の生きがい対策に非常に効果的である。

写真18　北海道旭川市の斉藤牧場、80頭の搾乳牛を周年放牧で飼育する酪農経営。生産性は低いがコストは極めて少ない

写真19　滋賀県農業総合センター畜産技術振興センターのふれあい家畜広場のヒツジ放牧風景。こんなきれいに草刈りをしてくれる

## 農地でなく山を中心に放牧を

農地は農地として活用して、農地に隣接する山を放牧ゾーニングに利用するのが最も有効である。写真18は北海道で行われている山地酪農で、周年放牧で搾乳されている事例である。生産性は低いが施設も労力も飼料代もいらない。獣害対策だけでなく、今後の畜産経営としても新たな注目を集めることになるだろう。

## 家畜は絶対にさぼらない

草食動物は草を食べて生きている。だから終日草を食べる。当たり前のことなのだが、人間にとっては大変な草刈りをしてくれるのである。

写真19は畜産技術振興センターふれあい家畜広場のヒツジ放牧風景であるが、長期間放牧しているとこんなきれいな景観を形成してくれるのである。まさに「家畜の手（口）を借りない手はない」という状況である。

## 獣害対策のあり方

### 絶対に農作物を食べさせない

イノシシやサルは一旦農作物の味を知るとついて離れない。何しろ最もおいしくて栄養価の高い食べ物がまとまって食べられるのだから。だから絶対に農作物を食べさせないことである。そのためには防護柵が必要となるが、自分の畑だけ囲んでも隣の農地が荒らされていたのでは野生獣は離れない。大切なことは地域一帯の農作物を一切食べさせないことであり、集落で共同の防護対策が絶対に必要である。

### 農作物以外のものも食べさせない

よく余剰農作物や残渣《ざんさ》を山際に投棄する光景を目にするが、これは野生獣にとって間違いなく「餌付け」になっている。また収穫が終わっても畑に残っている農作物があればこれも「餌」になる。さらに収穫後の水田の落ち穂や蘖《ひこばえ》もやはり「餌」なのである。少なくとも秋の収穫を終えた水田は耕耘《こううん》して落ち穂や蘖をなくさなければならない。農地にあらゆる目配りをして野生獣が食べる一切のものをなくすことが大切である。

**野生獣を見かけたら追い払う**

サルの群れが農地にいる中で人が農作業をしている光景をよく見かける。これではサルに「人間は怖くない」と教えているようなものである。面倒でも石を投げる、ロケット花火を発射するなど強い追い払いを行って容易に人里に出てこれない状況を作らなければならない。

**積極的な駆除を**

イノシシが乱暴な掘り起こしをしても、なすすべなく放置していることが多い。いったん出てくると連続して荒らし回る。当然柵の設置は必要である。しかし積極的な駆除も必要である。イノシシは一年間に四～五頭の子を産み、二～三頭を育てると言われているが、これは他のサルやシカなどに比べて極めて多い数字なのである。

イノシシ被害地域では駆除のために地域住民が立ち上がるべきである。そして、狩猟免許を取得し有害獣駆除申請をして積極的な駆除に乗り出すべきである。

## 檻や罠の狩猟免許は甲種

銃器による狩猟は本格的で、獣害対策のために免許取得するのはちょっと荷が重いかもしれない。しかし檻や罠での捕獲は比較的容易に取り組める。檻や罠の狩猟免許は甲種である。滋賀県では県庁の自然保護課が窓口で、狩猟免許の取得事務を取り扱っている。[*5] 免許を取得したら「有害獣駆除申請」をして許可を得られたら捕獲が可能となる。

＊5　免許申請の受付は、各地域振興局森林整備課および大津林業事務所、または滋賀県猟友会各支部。

## 捕獲に乗り出したら野生獣の動きがわかる

捕獲に取り組むと、「どこから出てくるのか」「どんなものを食べるのか」などがよくわかるようになり、対策も考えやすい。山に入ってけもの道を探しているうちによく使う道、最近通った道、真新しい掘り返しなどに出くわし、自然にイノシシなどに興味をもつことにもなる。

## 獣害被害地域の住民がまずは立ち上がること

獣害が出ると「まずは役場」ではなく、被害地域の住民がまずは立ち上がることである。共同で柵の設置をしたり、里の農作物の一斉処分をしたり、捕獲をしたり、みんなで力を合わせればかなりの対策を実施することができる。ひとつでも功を奏すると、「次はあっちにも柵を」とか「次は檻で捕獲を」と新たな取り組みに発展していくはずである。

獣害は被害地域の住民には死活問題であるのに、獣害のない隣の集落はまったく問題にならないという問題である。獣害対策関係者として被害地域には大変気の毒で深刻な問題だと思っている。しかし被害地域に住む以上はこの問題を避けては通れないのである。地域住民が一体となって対策に立ち上がり獣害を阻止し、中山間として特徴ある農業生産に取り組み、明るく住みやすい村を自らの力で築き上げるよう努力されることを願ってやまない。

# イノシシの行動調査から得られた野生動物の写真

上田栄一

滋賀県農業総合センター農業試験場湖北分場では滋賀県立大学と共同で野生イノシシの行動調査を行っている。放牧ゾーニングを実施している木之本町小山と隣接する高月町高野で捕獲した三頭のメスイノシシに電波発信機を装着して、年間を通じて定期的にイノシシの行動を追跡している。身近に出没するイノシシなのに、実はその生態についてはほとんどわかっていないのである。滋賀県立大学環境生態学科の学生が中心になって、電波受信機でイノシシの位置確認を行い、行動パターンを解明しようと精力的な調査活動を行っている。また、山に入ってイノシシの痕跡や山の植生を調査して食性についての解明もあわせて行っている。

平成十五年（二〇〇三）度環境生態学科四回生の丹尾琴絵さんと竹村菜穂さんが、高月町馬上《まけ》地先の山中で見つけたイノシシのぬた場（泥浴びをする場所）やけもの道に、赤外線センサー付きカメラを仕掛けたところ多数の貴重な野生動物の写真撮影に成功した。

## イノシシのぬた場では

高月町馬上地先の標高二五〇メートルほどの山の頂上近くで発見したぬた場は、二・五メートル×一・五メートルほどの大きさで、最近使用していたと思われ、ぬた場付近の立木の根元は泥浴び後にイノシシが身体を擦り付けたと見られる痕跡が多数見られた。このぬた場にカメラを一〇日間設置して回収してみると、いろいろな野生動物が撮影されていた。

写真1　水を飲みにきたのだろうかテン。黄色で大変かわいらしい

写真2　シカもやってきた

写真3　夜に現れたタヌキ

写真4 待ちに待ったイノシシもやってきた。水を飲みに来たと思われる写真は何枚かあったが、今回は「泥浴び」に来たようである

写真5 この写真を見て思わず「ヤッター!!」と声が出てしまった。イノシシは何回も写っているがすべて夜である。だから撮影瞬間は絶対にフラッシュが光っているのに悠然と泥浴びをしている。この泥浴びの写真は6枚撮影していて、6回もフラッシュが光っても泥浴びを続けていたことになる。ぬた場の水が動いているのが生々しい。

## けもの道では

次は、ぬた場近くの比較的よく使っていると思われるけもの道に仕掛けたカメラから得られた写真である。

獣害に悩まされる中山間地域ではあるが、山には数多くの動物が生息していることがわかる。野生動物と人とがどのように棲み分けて、健全な関係を築きながら共存していけるのか、非常に興味がわいてくるとともに奥の深い問題でもある。

写真6　多分メスと思われる2頭。雨の日の昼間に出てきて泥浴びをしている

写真7　クマが夕方にやってきた

写真8　サルもやってきた

写真10　タヌキ

写真9　キツネ

写真12　サルもけもの道を使っている

写真11　ノウサギ

写真13　夜中（10時）にやってきたハクビシン。フラッシュで目が光っている

# 大学と地域が一緒になってイノシシとの共存を考える

## ―テレメトリー調査を中心に―

高橋春成（奈良大学）

私が広島大学の学生だったころ、世のなかは高度経済成長期で、山間部や離島から人びとがこぞって都市部に働きにでた。そのため過疎化がすすみ、山間部ではイノシシやサルなどによる被害に困った。学生であった私は、中国山地をフィールドに、このことを修士論文にまとめた。

なぜイノシシの被害に困ったかというと、働き手が少なくなって耕作放棄地が増え、そこがイノシシの住みかになって被害が生じたという結論だった。また、若者や壮年の人びとがいなくなるものだから、イノシシ被害への対応力が弱体化するということもあった。

それから三十年近くが経過した。私は十年前から故郷の滋賀に帰り、そこか

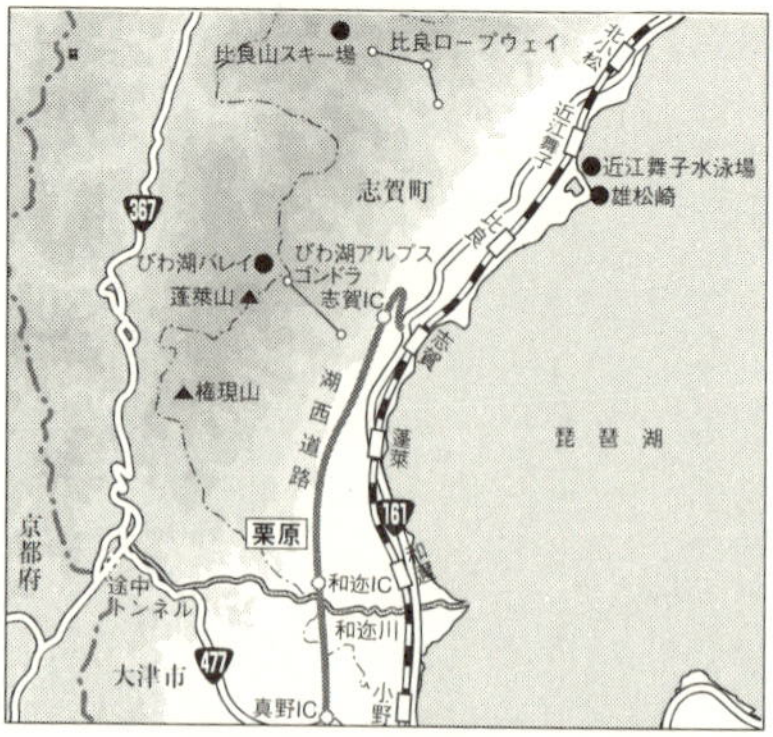

図1　比良山地の山麓にある栗原

ら奈良大学にかよっている。滋賀に帰ってから、滋賀県の生きもの関係のいろんな委員会に呼ばれてきたが、いつもイノシシのことが気になっていた。それは、私の研究のルーツがそこにあるからである。

　しかし、奈良大学にかよう私が、特に滋賀県にこだわるのは、やはりここが私の故郷だからである。故郷〝滋賀〟のイノシシはどうなっているのか。いまも被害問題がクローズアップされるイノシシをどのようにすればよいのか。大いに、気になるのである。

## 志賀町栗原とのであい

　平成十四年（二〇〇二）の六月、私は滋賀郡志賀町栗原（図1、写真1）の区長である南弥平治さんに手紙を書いた。地域のみなさんと一緒になってイノシシやサルなどの動物調査を行い、一緒になって被害問題や動物との共存のあり方を考えてみようと思っていた私は、そのようなことを手紙のなかに書いた。手紙のあと電話をかけると、「最近はイノシシやサルの被害に困ってます。わかりました。やりま

写真1　美しい栗原の風景

しょう！」という区長さんの大きな元気な声が受話器ごしに響いた。これが私と栗原のであいである。

## イノシシの今昔

### シシ垣を造り、落し穴を掘った時代

栗原が位置する比良山地山麓には、各所に江戸時代などに造られたシシ垣（写真2）の遺構が残っている。シシ垣とは、イノシシなどが田畑に入って農作物に被害を与えないように石を積んだり土を盛って造った防護用の垣のことである。

栗原にもシシ垣がみられる。栗原には、元文元年（一七三六）に当時の下龍花《しもりゅうげ》村（現大津市伊香立下龍華町）の庄屋、惣代、年寄りが連名で栗原村の庄屋にあてた書状が残っている（図2）。この古文書には、当時、栗原の隣村である下龍花村と上龍花村が共同でシシ垣を造り、あやまって村境を越えて栗原の村内にまでシシ垣を築いてしまったといった内容のことが書かれている。このシシ垣のほかにも、栗原にはシシ垣だといわれるものが残っている。これらは土を盛った

写真2　比良山地の山麓に残るシシ垣

シシ垣である（写真3）。

また栗原の山のなかには、〃シシの穴〃といわれる落し穴がいくつもみられる。このシシの穴とは、イノシシなどを捕まえるための落し穴のことで、江戸時代に掘られたものではないかといわれている。このようなシシ垣や落し穴の存在から、古い時代にも当地にイノシシがいたことがわかる。

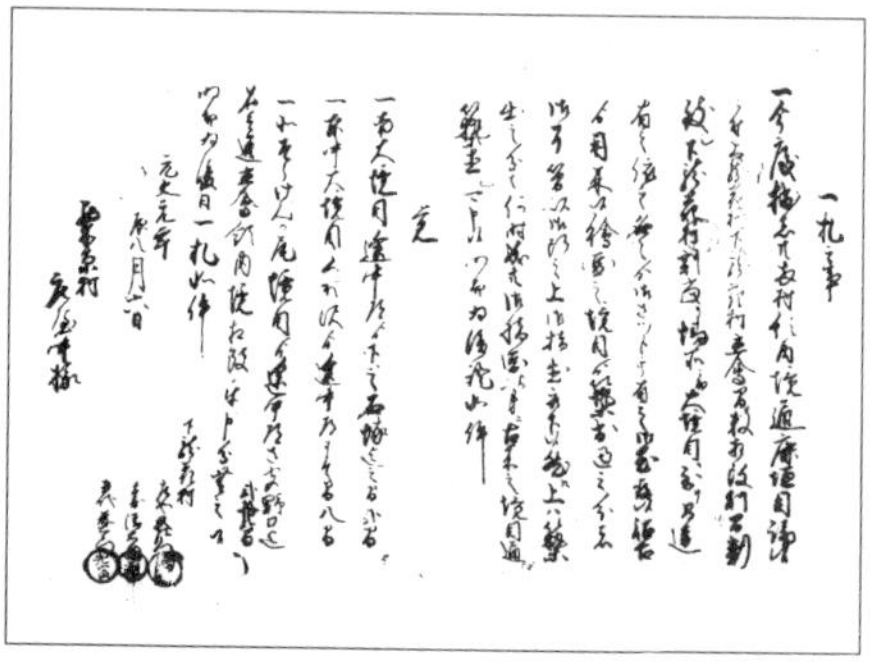
図2　シシ垣が記載されている古文書（栗原）

写真3　土を盛った栗原のシシ垣

## イノシシは山の動物!?

もう少し時代をくだってみよう。いま住む人たちの記憶がとどくあたりの状況はどのようであったのだろうか。区長さんから紹介してもらった栗原の十人衆と呼ばれる古老の畑実さんと徳岡治男さんに話をうかがった。

あたりまえの話に聞こえるかもしれないが、「昔、イノシシは山に棲んでいた」と二人はいう。そして、「イノシシの被害は山ぎわの田（山すその田）でみられるものだった」という。話のなかに出てきた戦前のイノシシ猟や被害の状況からも、そのようなありさまをうかがうことができる。

## イノシシ猟

昭和十年頃のイノシシ猟の話である。栗原には猟を行う人が三～四人いた。猟をする時には、上龍華や下龍華などからも猟師仲間がきて六～一〇人ほどになった。猟師は猟銃をもち、イヌを連れていた。イヌの数は三～四頭ぐらいであった。

イノシシ猟は雪の多い時に行われた。足跡がよくわかるし、雪でイノシシが走りにくかったからである。栗原でイノシシ猟をやる時は、在所の者が一〇人

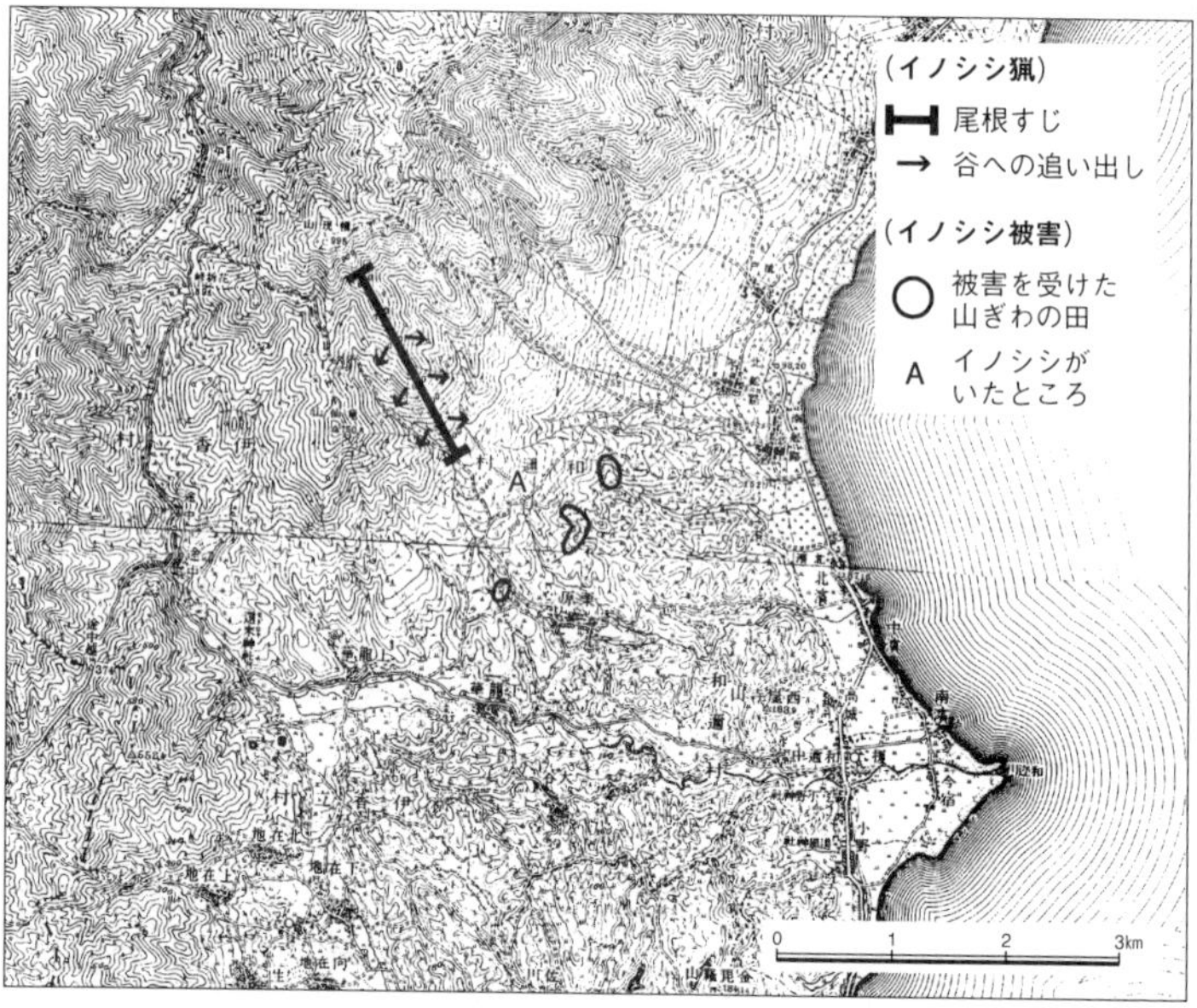


図3　戦前のイノシシ猟とイノシシ被害（明治26年、42年測図　5万分の1地形図）

ほど追子《おいこ》として参加した。

　図3に、当時のイノシシ猟のようすを示した。手順はつぎのようになる。

◎栗原の集落から道を通って権現山に登り、追子が山の尾根すじから両側の谷の方に声を出しあってイノシシを追い出す。

◎谷の方で猟師がイノシシの通り道に待ち伏せ、追い出されてくるイノシシを仕留める。

　一日に五～六頭ほど捕れる時もあったが、このようにして一冬でおよそ一〇頭ほど捕っていた。捕獲したイノシシは庭先につるし、解体した肉は参加者で分配した。在所の人たちにも肉のおすそわけがあった。イノシシの皮は地下足袋《じかたび》代わりのクツの材料にされた。このクツは毛グツと呼ばれた。毛グツは地下足袋にくらべ丈夫で暖かいので、薪《たきぎ》とりなどで山に行く時に重宝だった。このクツのなかには藁《わら》のはかまを入れ、使った後は水につけてやわらかくした。

**イノシシ被害と対策──シシ垣とクスベ──**

当時、イノシシの被害は山ぎわの田に限られるものであった（図3）。それよりも内側にイノシシが入ってくることはなかった。この頃のイネは十月から十一月頃に実り、イノシシが田に出てきて被害を与えたのもこの時期だった。

被害には、シシ垣とクスベで対応した。山ぎわの田には、先に述べた土盛りのシシ垣があり、当時はまだシシ垣が役に立っていた。また山ぎわの田では、クスベが行われた。木綿の農作業着などの古《ふる》と籾殻《もみがら》を叺《かます》に入れ、田で燃やしてイノシシを追い払うことをクスベという。これを燃やすと、一晩中くすぼって煙や臭いが出た。このような煙や臭いをイノシシが嫌うと考えられていたのである。

これらのほかに、イノシシの被害がひどいということで、栗原の人たちがイヌでイノシシを追い出し捕獲したことがあった。昭和十二〜十三年頃の話である。図3のA地点あたりでイヌがイノシシをみつけ、二頭いたイノシシのうち一頭を捕ったという。

## イノシシは里の動物⁉

ところが、山の動物であったはずのイノシシが、二十年ぐらい前から里のなかに入りだしてきた。ここ一〇年ぐらいは、イノシシが里のなかにぐっと入り込んでいる。それに伴って、山ぎわの田に限定されていたイノシシの被害も集落周辺の田や畑で発生するようになった。

現在、栗原ではキヌヒカリという品種のイネが作付け面積の約九割を占め、他にコシヒカリ、日本晴《にほんばれ》などがみられるが、イノシシはこのようなイネが作付けされる田の周辺に出没し、被害を与えている。

栗原では四月下旬になると、田に水を入れて表面をならす代掻《しろか》きが行われ、水がもれないように畦がつけられるが、このあたりをイノシシが踏みつけたり掘り返したりする。田の畦の掘り返しはその後もみられる。

キヌヒカリやコシヒカリは、七月下旬から八月上旬に乳熟期をむかえる。日本晴は少しおそく八月中旬から下旬である。この頃からイノシシはイネをねらって田のなかに入りだす。田のなかへの侵入は、それぞれの品種の収穫期（キヌヒカリは八月下旬から九月上旬。コシヒカリはキヌヒカリより一週間ほど早い。日本晴は九月

写真４　イノシシが入った田を指さす南さん

写真５　里のなかの田や家の前の田に張られる電気柵。電気柵の見回りをする畑さん（上）と徳岡さん（下）。畑さんのもとでは、ゼミ生である駒君が作業の手伝いをしながら栗原の人たちの暮らしについて学んでいる

末から十月のかかりの頃）まで続く（写真４）。

現在の被害対策の主流は、電気柵である。イネが乳熟期をむかえる前に田を囲むように設置され、収穫後に撤去される。電気柵には電線が張られ、イノシシが鼻先で触れるとショックを受けるようになっている。個人で自分の田に設置したり、グループで共同して設置したりしている。現代版のシシ垣といえるものである。

いまではこの電気柵が里のなかの田に張り巡らされており、家の前の田にも張られている（写真５）。イノシシが里のなかに入り込んで被害を与えているようすがわかる。

## イノシシのテレメトリー調査

かつてイノシシは山の動物であった。なのに、なぜこのようなことになってしまったのだろう？　この謎にせまるには、イノシシの行動調査をする必要がある。そこで私は、イノシシに発信機をつけ追跡してみることにした。この計画を区長さんに話したところ、即座に了解していただいた。

### 大学と地域の連携

電波発信機をとりつけ、送られてくる電波を受信することによって行動の特徴をみるテレメトリー調査では、まず対象とする動物を捕獲しなければならない。そこで、イノシシを捕獲するために捕獲檻を準備した。おびき寄せる餌には米糠《ぬか》とクズ米を使うことにした。

捕獲檻と餌を置く場所について、区長さん、農業協同組合長の松村良数さん、農協理事の徳岡好朗さんと相談した。ふつう捕獲檻は、イノシシの通り道（けもの道）やイノシシがよく利用している場所周辺に設置するのであるが、集落の近くでは人の目につくこと、人身事故が起こると困ることなどを考慮し、このようなところはさけるようにした。そのようにして二～三の候補地をさがした。

平成十四年七月六日、まず候補地の一つに捕獲檻を設置してみた。この作業は、南さん、松村さん、徳岡さんと私の大学のゼミ生たちとで行った。檻を置いた場所は耕作放棄地で、背の高い草がぼうぼうに生えていて、イノシシの通り道がいくつもついていた。この荒地の横には電気柵を張った水田があり、おどし用のラジオが一日中鳴らされていた。檻を設置し、餌を檻のなかと周囲にまいて、私たちはその場をあとにした。

これから、檻の見回り、餌の補給、捕獲したイノシシに発信機を装着する作業などをしていかなければならないのであるが、南さん、松村さん、徳岡さん、栗原でイノシシ猟をしている永田一男さん、惣代の松村浅雄さんたちにこの調査の意義を理解していただき、協力いただくことができたのはたいへんありがたいことであった。

## すぐに捕まったイノシシたち

七月六日に設置した檻を、つぎの日の午前十時頃に見にいった。すると、檻

写真6　耕作放棄地に設置した檻に入ったイノシシ（メス）

写真7　耕作放棄地の近くに設置した檻に入ったイノシシ（オス）

の外側にまいておいた餌がなくなっていた。檻に近づくと、檻のすぐとなりの草むらでガサガサという音。姿は見えなかったが、ガサガサという音とともに何かが背後の雑木林のなかに消えていくのがわかった。はやくもイノシシが檻に接近しているという感触をつかみ、この日は檻の外側に餌を補給して帰った。

この檻にイノシシが入ったのを確認したのは九日であった。三〇キログラムぐらいのメスが捕まった（写真6）。十四日には、別の場所に檻を一基追加した。また、六日に設置した檻を少し移動させた。この場所をイノシシが頻繁に利用していたからである。ここもまた、耕作放棄地がひろがっているところである。十八日の朝、移動させた檻にイノシシが入っているとの連絡が区長さんからあった。四〇キログラムぐらいのオスであった（写真7）。このようにして、つぎつぎとイノシシが檻に入った。

写真８　檻に入ったイノシシの子。檻の見回りは、南さんのお孫さんも協力してくれている

写真９　一度に４頭の子イノシシが入ることもあった。捕獲作業中の南さん、徳岡さん、松村さん

夏から秋にかけての捕獲作業で、今年生まれのイノシシの子が一〇頭以上も檻に入った（写真8・9）。子は警戒心が低いため檻に入りやすいが、春から初夏にかけて生まれるイノシシの子が耕作放棄地周辺でたくさん捕獲されるということは注目すべきことであった。

捕獲したイノシシのなかから数頭をえらび発信機をつけた。使用した発信機は首輪型と耳標《じひょう》型のもので、耳標型の発信機は大きめのイノシシの子にもつけてみた。

## 里のなかに居座る　イノシシたち

テレメトリー結果の例をみてみよう。図4―A・B・Cは、七月十八日に発信機を装着したオスのイノシシ（クリ太郎と名付けた）の動きを示したものである。クリ太郎は栗原で捕獲されたが（図A）、そ

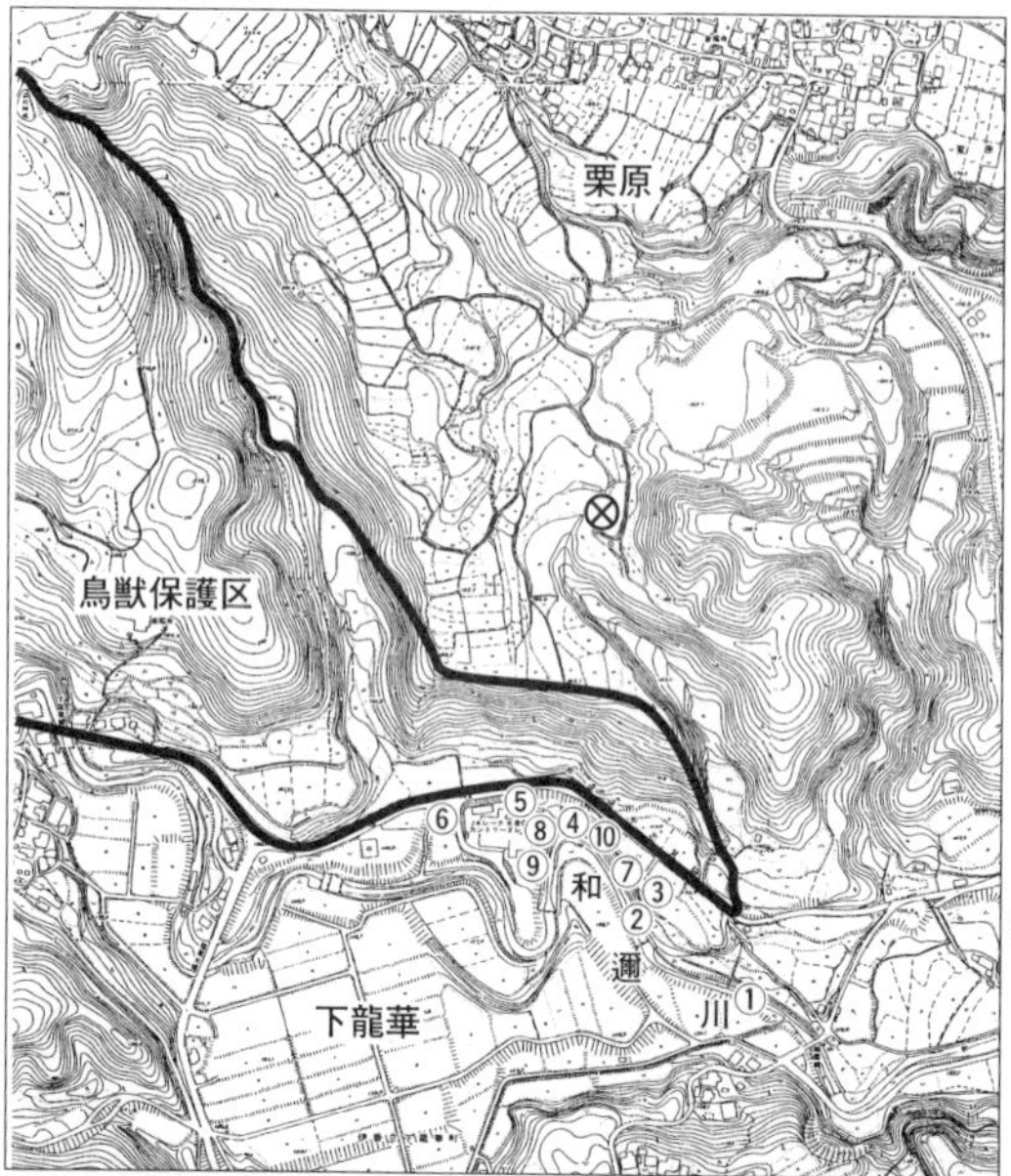


図A
平成14年8月7～8日
①7日17：15～17：55
②7日20：00～20：05
③7日21：10～21：25
④7日23：32～23：55
⑤8日 1：55～2：05
⑥8日 3：35～4：05
⑦8日 4：50～5：00
⑧8日 5：15～5：23
⑨8日 9：00～9：10
⑩8日14：00～14：10

⊗クリ太郎を捕獲したところ

⬭鳥獣保護区

※地図上の土地利用は、平成5年当時のものである。その後、現在に至るまでにさらに耕作放棄地が増えている。

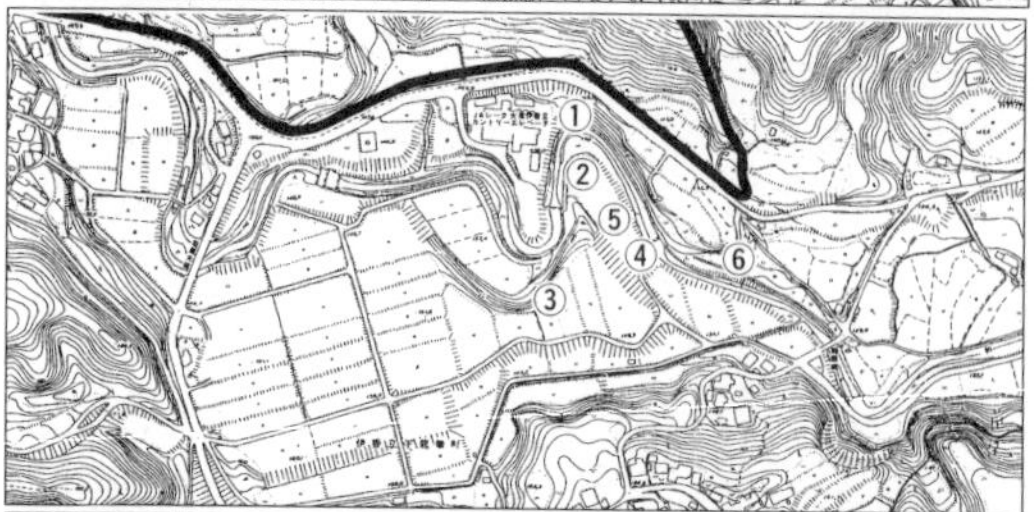

図B
平成14年8月19～20日
①19日19：30～19：45
②19日21：36～21：45
③20日 0：30～0：45
④20日 1：55～2：15
⑤20日 4：00～4：20
⑥20日13：30～14：00

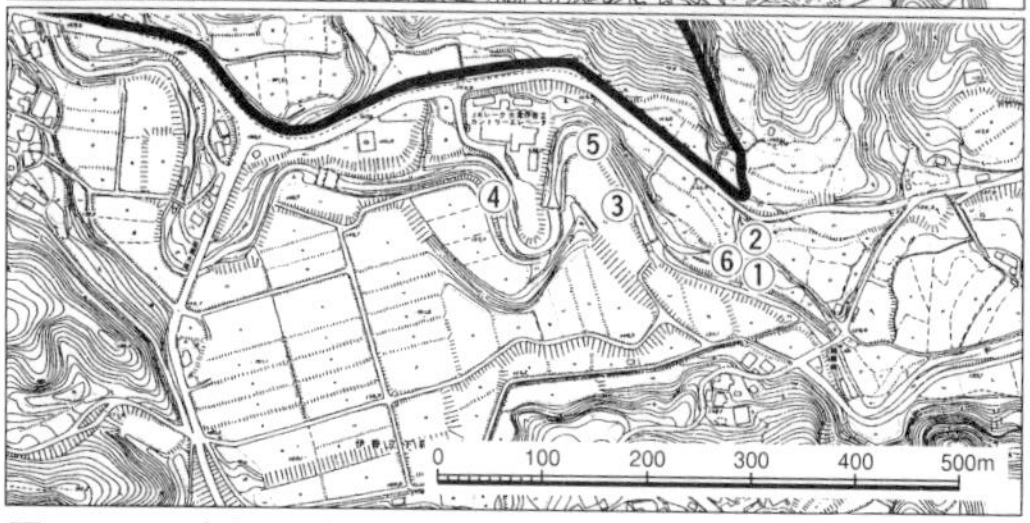


図C
平成14年8月25～26日
①25日12：00～12：15
②25日19：10～19：20
③25日21：05～21：15
④26日 0：05～0：30
⑤26日 3：25～3：55
⑥26日 5：25～5：30

図4　クリ太郎の動き

写真10　クリ太郎の潜伏場所となっていた竹やぶ（耕作放棄地）や和邇川の茂み。左奥の建物はＪＡのカントリーエレベーター

の後しばらくして南隣の下龍華地区に移動し、イネの収穫がおおかた終わる九月十日頃まで、べったりとこの集落のなかに居座っていた。

図4は、八月七～八日（図Ａ）、八月十九～二十日（図Ｂ）、八月二十五～二十六日（図Ｃ）のそれぞれの日に、クリ太郎の動きを追ったものである。これをみると、このイノシシが大胆に里に居座っているようすがわかる。

クリ太郎は、日が暮れ暗くなってから動きだし（およそ一九時三〇分頃以降）、翌日明るくなる頃（およそ五時三〇分頃）まで活発に活動した。おもに和邇《わに》川沿いを移動し、付近の田や耕作放棄地、ＪＡのカントリーエレベーター付近で食べ物をあさっているようすだった。

昼間は動きが活発でなく、休息したり寝ているものと思われた。休息したり寝ていると思われる場所は二カ所あるようだった。一つは、図Ａの①、図Ｂの⑥、図Ｃの①②⑥の場所である。この付近は竹やぶになっており、その前を和邇川が流れている（写真10）。クリ太郎はこの竹やぶや和邇川のなかの茂み（図Ａの①）に潜伏していた。もう一つは、図Ａの⑧⑨⑩、図Ｂの①の場所である。この付近も竹やぶである。

クリ太郎は、この二カ所のいずれかに潜伏し、暗くなるとともに動きだし、明るくなるころにはもとの場所にもどるか、あるいはもう一つの場所に行くといった行動パターンを示した。そして、この二カ所の潜伏場所をつなぐ主要ルートは和邇川とみられた。

このテレメトリー調査結果で注目されるのは、クリ太郎が昼間に潜伏している場所である。二カ所あった潜伏地の前者の竹やぶは、耕作放棄された水田跡である。水田跡が、いまではイノシシの格好の潜伏場所となっているのである。潜伏場所である耕作放棄地はまた、餌場ともなっているのだろう。

この付近には集落があり、田畑で農作業をする人もいる。また、ここを通過する県道の交通量も少なくない。しかし今日、このようなところにもイノシシが潜伏している。それは、耕作放棄によってやぶ地が出現しているためである。ここでは、そのようなやぶ地を川がむすんでいる。夏の暑くなる時期は、イノシシにとって川の茂みは格好の避暑地であろう。この時代、川で遊んだり魚をとるような子供や大人はほとんどいないので、そこはイノシシの天下である。

耕作放棄地が潜伏場所となり、そこを拠点にイノシシが周囲のイネの作付け地に出没するようすは、他のイノシシのテレメトリー調査結果からもうかがえた。図5―A・Bは、八月七日に発信機をつけたオスのイノシシ（今年生まれのイ

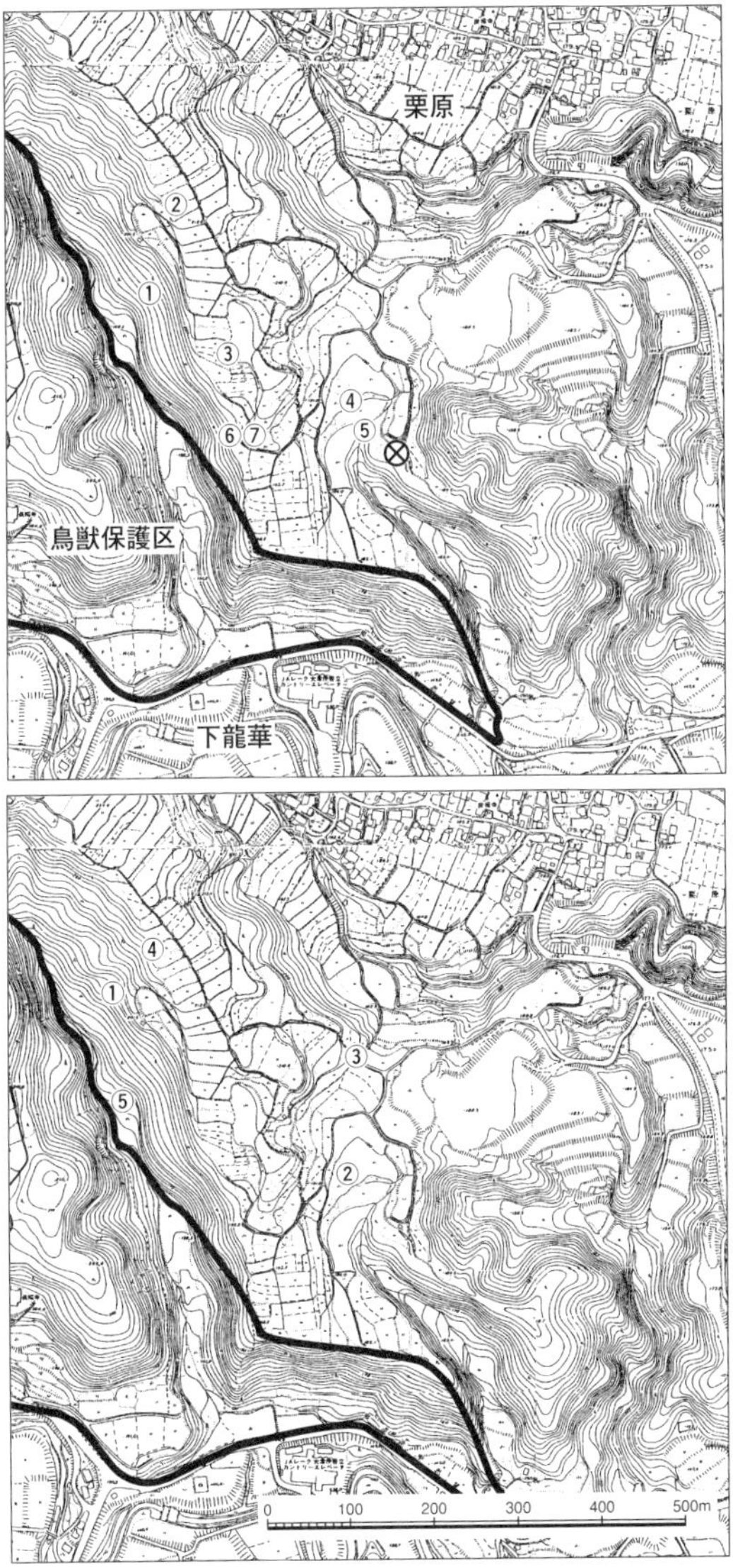


図A
平成14年８月19〜20日
①19日 18：45〜19：15
②19日 20：45〜20：55
③19日 22：35〜22：50
④20日 １：20〜１：30
⑤20日 ３：05〜３：15
⑥20日 ５：05〜５：15
⑦20日 10：40〜11：15

⊗クリ坊を捕獲したところ

鳥獣保護区

※地図上の土地利用は、平成５年当時のものである。その後、現在に至るまでにさらに耕作放棄地が増えている。

図B
平成14年９月10〜11日
①10日 17：30〜17：50
②10日 22：30〜22：52
③11日 ０：45〜０：50
④11日 ３：00〜３：10
⑤11日 ６：10〜６：15

図５　クリ坊の動き

写真11　クリ坊が活動したところ。耕作放棄地がひろがり、そのなかに水田がある

ノシシの子。クリ坊と名付けた）の動きである。イネの収穫がおおかた終わる九月十日頃までのようすを、八月十九〜二十日（A）と九月十〜十一日（B）の動きからみてみよう。

クリ坊も暗くなるとともに活発に動きだし、明るくなると休息をとる傾向がみられた。夜間は、田や耕作放棄地周辺で活動した（写真11）。潜伏場所は二箇所ほどあるようで、一つは図Aの①や図Bの①⑤の場所である。ここは谷の斜面にある雑木林で、Bの①には耕作放棄地もみられる。もう一つは図Aの⑥⑦の場所である。ここはやぶ地である。このやぶ地は耕作放棄地で、ここでも放棄地がイノシシの潜伏場所となっていた。

ところで、ふつうイノシシは、春先から初夏にかけて平均四〜五頭の子を生む。生まれたオスの子は、生後一年を超えると母親のもとを離れていく。メスの子はその後も母親のもとで育ち、性成熟して出産すると、独立するか母親の群れにもどる。ここに紹介したクリ太郎はすでに独立したオス、クリ坊はまだ母親と行動をともにするオスとみなすことができる。

## 狩猟期の頃は隣の鳥獣保護区へ

イネの収穫が終わってからも、イノシシは田の周辺にやってきたが、十一月十五日に狩猟が解禁されイヌを使ったイノシシ猟が行われだすと、隣接する鳥獣保護区のなかでの活動が多くなっていった。そのようすをみてみよう。

クリ太郎は、九月四〜五日にテレメトリー調査をした時にはいつものところにいたが、つぎの九月十一日の調査時に、そこから直線距離で約二・五キロメートル離れたところに移動していることがわかった（図6）。餌の条件やその他の要因で移動したのであろうが、調査をする者にとっては、どこへいったのやらと捜索に大わらわである。ともあれクリ太郎は、およそ一カ月間居ついていた場所から移動した。クリ太郎は、続く九月十五〜十六日の調査時にもここにいた。この時は和邇川の茂みに潜伏し、夜間はその周辺の田畑や耕作放棄地などで活動し、明け方にもとの茂みにもどった（図6）。

しかしこれを最後に、クリ太郎は行方不明となった。幾度となく調査範囲をひろげてさがしてみたが、どうしてもクリ太郎をみつけることはできなかった。ところが、あきらめかけていた年の暮れの十二月十九日、いつもの調査地周辺

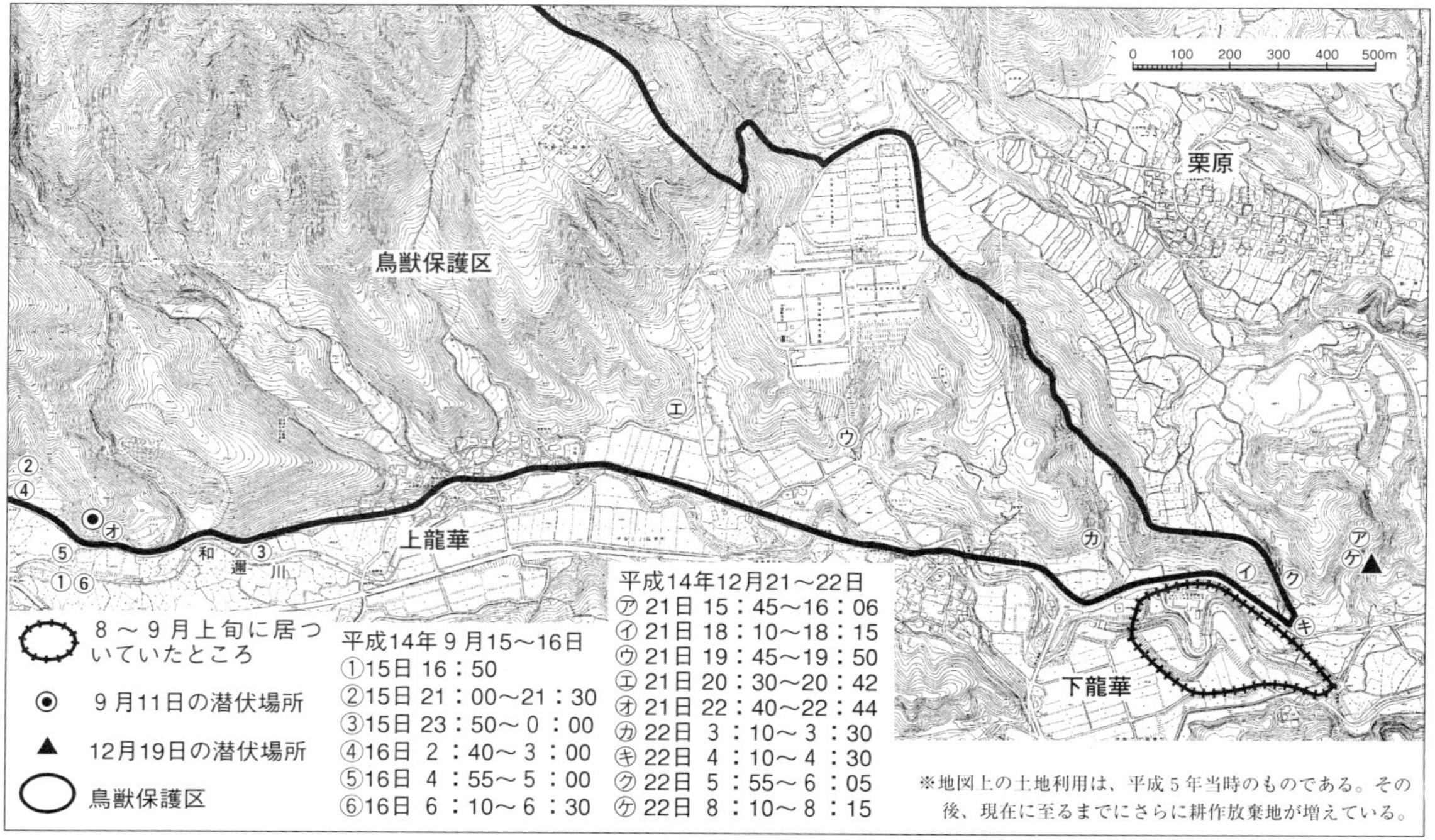
0 100 200 300 400 500m
栗原
鳥獣保護区
上龍華
下龍華
和
邇
川
8～9月上旬に居ついていたところ
9月11日の潜伏場所
12月19日の潜伏場所
鳥獣保護区
平成14年9月15～16日
①15日 16：50
②15日 21：00～21：30
③15日 23：50～0：00
④16日 2：40～3：00
⑤16日 4：55～5：00
⑥16日 6：10～6：30
平成14年12月21～22日
㋐ 21日 15：45～16：06
㋑ 21日 18：10～18：15
㋒ 21日 19：45～19：50
㋓ 21日 20：30～20：42
㋔ 21日 22：40～22：44
㋕ 22日 3：10～3：30
㋖ 22日 4：10～4：30
㋗ 22日 5：55～6：05
㋘ 22日 8：10～8：15
※地図上の土地利用は、平成5年当時のものである。その後、現在に至るまでにさらに耕作放棄地が増えている。

図6　クリ太郎の動き

で聞き覚えのあるクリ太郎の発信音を再びキャッチした。驚きとともに、この復活は私にとってたいへん嬉しいことであった。

これまでいったいどこに行っていたのだろう？　この日、クリ太郎は図6に示されるところにいた。さっそく十二月二十一〜二十二日にテレメトリー調査を行った。

八月から九月上旬にかけてイネの作付け地周辺に居ついていた時と異なり、夜間の活動範囲はひろく、山すそづたいに行動し、その付近の田や耕作放棄地周辺でも活動した。潜伏場所は谷のなかで、明け方に同じところにもどってきた（図6）。

この時にクリ太郎が活動したのは、多くは鳥獣保護区のなかであった。ただ潜伏場所は、この保護区からわずかに離れた谷であった。そのためかどうかわからないが、まもなくクリ太郎は狩猟者に捕獲されてしまった。まことに残念なことであった。

クリ坊はどうであろう。これも残念なことであるが、その後まもなく発信機が脱落し情報がストップしてしまった。捕獲されてしまったクリ太郎といい、イノシシのテレメトリー調査にはこのような話がつきものである。ここは、先

写真12　テレメトリー調査の七つ道具（車、受信機、モービルアンテナ、八木アンテナ、コンパス、地図など。安藤君とともに）

にみた八月から九月上旬のクリ坊も保護区の外側で活動していたということを確認するにとどめておこう（図5）。

ここで少しテレメトリー調査について述べておきたい。イノシシのテレメトリー調査は、平均して三日に一度ぐらいのペースで昼間のイノシシの潜伏場所を調べ、一〇日に一度ぐらいのペースでおよそ二十四時間のイノシシの動きを調べている（写真12）。このペースは必要に応じて短縮する。

調査は基本的に私がすべてにわたって行っている。すべてを体験的に知りたいからである。夜間を含む長時間の調査は、大学のゼミ生の安藤誠也君や増山雄士君に手伝ってもらうことがある。この調査は眠気と疲れとの闘いである。これは、この調査をやったものにしかわからない。調査はなかなかうまくいかないこともあるが、それでも興味深いことがわかると疲れも吹っ飛ぶ。

話を本題にもどそう。クリ太郎とクリ坊の情報はストップしたのであるが、それでもデータの集積はすすんでいる。クリ坊の代わりにバンザン坊（写真13）の登場である。

このイノシシの捕獲連絡がはいったのは十月十四日であった（図7、写

写真13　バンザン坊

真9)。この年生まれの子イノシシであるが、体のウリ模様はなくなり、イノシシらしい姿に成長しつつあった。兄弟そろって四頭が檻のなかに入っていた。オスが一頭、メスが三頭であった。このオスに発信機をつけ、名前をバンザン坊とした。熊沢蕃山《ばんざん》文庫の堂の近くで捕獲されたからである。

十月十四日に発信機をつけて解き放った後、バンザン坊からはいまもなお(平成十五年五月現在)電波が送られてきている。まずは、解き放ち後もバンザン坊が親子で行動していることから紹介しよう。それはつぎのようなことから確認することができた。

平成十五年一月十一日の夜七時三十分から五十五分頃のことである。この時、バンザン坊の発信機からとても強い電波を受信した(図7)。その方向に少し近寄ると、「ブキッ!」というするどいイノシシの声。刺激してはいけないと静かにしていると、数頭のイノシシが茂みのなかを動いている気配がする。音や動きから察するに、三~四頭はいるようだ。翌日、明るくなってから確認すると、そこは枯れたススキの原で、大きめの足跡やこぶりの足跡が残っていた。

平成十五年三月三日の夜十一時過ぎには、姿を目撃することができた

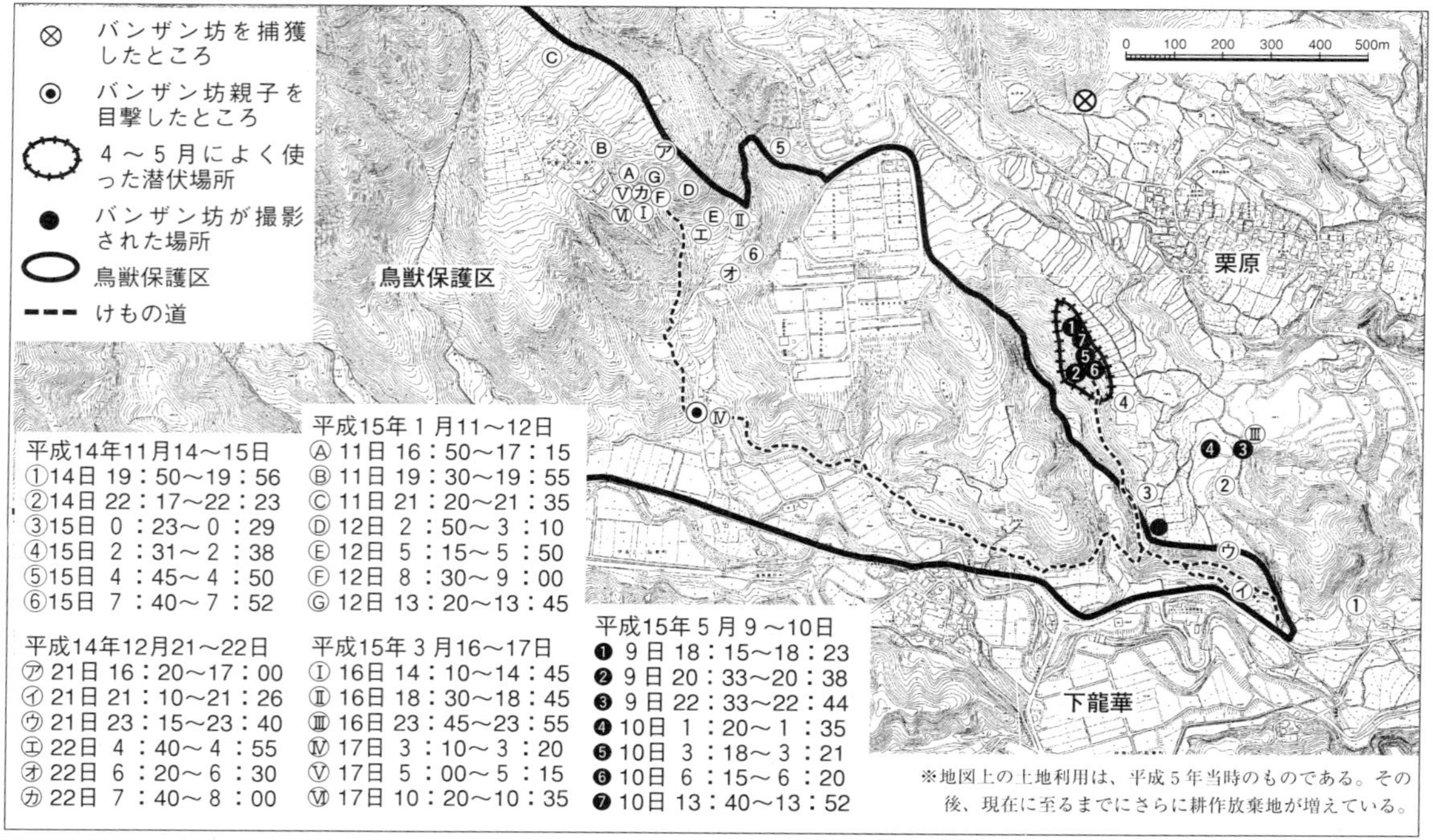
⊗ バンザン坊を捕獲したところ
◉ バンザン坊親子を目撃したところ
4～5月によく使った潜伏場所
● バンザン坊が撮影された場所
鳥獣保護区
けもの道
0 100 200 300 400 500m
鳥獣保護区
栗原
下龍華
平成14年11月14～15日
①14日 19：50～19：56
②14日 22：17～22：23
③15日 0：23～0：29
④15日 2：31～2：38
⑤15日 4：45～4：50
⑥15日 7：40～7：52
平成14年12月21～22日
㋐21日 16：20～17：00
㋑21日 21：10～21：26
㋒21日 23：15～23：40
㋓22日 4：40～4：55
㋔22日 6：20～6：30
㋕22日 7：40～8：00
平成15年1月11～12日
Ⓐ11日 16：50～17：15
Ⓑ11日 19：30～19：55
Ⓒ11日 21：20～21：35
Ⓓ12日 2：50～3：10
Ⓔ12日 5：15～5：50
Ⓕ12日 8：30～9：00
Ⓖ12日 13：20～13：45
平成15年3月16～17日
Ⅰ16日 14：10～14：45
Ⅱ16日 18：30～18：45
Ⅲ16日 23：45～23：55
Ⅳ17日 3：10～3：20
Ⅴ17日 5：00～5：15
Ⅵ17日 10：20～10：35
平成15年5月9～10日
❶9日 18：15～18：23
❷9日 20：33～20：38
❸9日 22：33～22：44
❹10日 1：20～1：35
❺10日 3：18～3：21
❻10日 6：15～6：20
❼10日 13：40～13：52
※地図上の土地利用は、平成5年当時のものである。その後、現在に至るまでにさらに耕作放棄地が増えている。

図7　バンザン坊親子の動き

（図7）。この時は私が海外出張中だったため、ゼミ生の安藤君と立命館大学の山崎薫君に調査をやってもらった。その時の話である。夜の十一時過ぎ、バンザン坊たちは移動中だったらしく、調査をしているこちらの方に近づいてくるようで、受信する電波がだんだんと強くなり、ついには最高に達した。と、その時、車を停めていた道路上に突然イノシシが現われた。車のライトに照らされたイノシシは三頭の群れで、体長一メートルほどのイノシシが一頭、柴犬の成犬ぐらいの大きさのイノシシが二頭いた。

どうやら、母親がバンザン坊を含む二頭の子を連れているようだ。バンザン坊を捕獲した時に一緒にいた他の三頭のイノシシは私の方で引き取ったので、この母親は捕獲時に五頭の子を連れていたようである。

それではバンザン坊親子の動きをみてみよう（図7）。まず、狩猟期がはじまる直前の十一月十四〜十五日の動きである。この時は、雑木林とその周辺の田や耕作放棄地などで活動し、潜伏場所は谷の雑木林のなかであった。雑木林にはコナラ、クリ、クヌギなどがみられ、落下した堅果類が食料になっているのであろう。この頃は、おもに鳥獣保護区の外側で活動していた。

十二月になると、活動は保護区を中心とするものになっていった。平成十五

写真14　掘り起こされ食べられたタケノコ

写真15　バンザン坊たちが移動してきたところ（ササやクズ、ススキなどでおおわれた耕作放棄地。左端には、かつて使われた農作業小屋の屋根がみえる）

年一月十一～十二日のように、夜間の活動範囲が小さい時もあった。潜伏場所としてよく使っていた谷のあたり（図7の㋐・㋕・Ⓐ・Ⓕ・Ⓖ）から、暗くなるとともに動きだし、明け方にもどるという行動がよくみられた。このあたりでは、クズなどの根を掘っているのか、道路脇や土手あるいは斜面などがまるでブルドーザーで掘り返されたようになっているところがあった。

二月十五日に狩猟期が終わり、三月にもなると再び保護区の外側での活動が普通にみられるようになった。この頃には、竹やぶのなかでまだ地中にあるタケノコを掘り起こして食べていた（写真14、図7のⅢ）。

四月にはいると、それまでは保護区のなかにあった潜伏場所が保護区の外側にシフトしていった。この月によく使った潜伏場所は耕作放棄地周辺で、ササや竹のやぶがひろがるところであった（図7）。三月、四月の頃、耕作放棄地でもススキの原などの草本類の荒地はまだおおかた枯れていて、イノシシが潜伏するには少し無理がある。しかし、ササや竹などのやぶがみられるところでは、十分に身を隠すことができるし、これらの地下茎から生じるタケノコもある。バンザン坊たちが移動してきたのはこのようなところである（写真15）。

四月の下旬になると、水田では代掻《しろか》きが行われるようになる。このような時期からイノシシが再び水田にやってきて、畦などを掘り返したりする。水田の周辺では、この頃からカエルが産卵を行い、ヘビも出没する。イノシシはカエルなども食べているのだろう。

図7に五月の例を示したが、この月も四月と同じ潜伏場所をよく使っていた。薄暗くなるとともにここから動きだし、ササやタケがあるところや水田、耕作放棄地の周辺で活動していた。もとの潜伏場所にもどらず、水田周辺の耕作放棄地にとどまり、日中そこに潜伏するケースもみられた。五月になると、草本類がいっせいに成長をはじめ、それまで枯れた景観がひろがっていたススキの原などに緑がよみがえってくる。いよいよイノシシが水田の近くにやってくる状況ができてくる。

このころはまた、前年に生まれたオスの子が母親から独立していく季節であ

写真16　成長したバンザン坊
（母親から独立したのか、
１頭で写っていた）

る。写真16は、五月二十五日の夕方から翌日の朝方にかけての夜間に、熱センサーによる自動撮影装置のカメラに写っていた成長したバンザン坊である。発信機も写っている。写真13と比べてみてほしい。つぶらな瞳はまさにバンザン坊である。撮影場所は図７に示される。カメラのシャッターがおりていたのは二枚だけで、いずれもバンザン坊が一頭で写っていた。母親が近くにいるのかもしれないが、バンザン坊もそろそろ独り立ちの季節をむかえているのであろう。

六月にはいってから、バンザン坊たちやクリ太郎などがよく使っていたけもの道を追跡してみた。今回は上龍華、下龍華側を調べたが、水田に隣接する山すそに鮮やかにけもの道がついていた（図７）。けもの道にはイノシシの新しい足跡や古い足跡があり、よく使われているところは道が掘りこまれていた。けもの道は一本だけではないが、よく使われている幹線道路が認められた。そして、このような道から下の水田や耕作放棄地などに出ていく道が枝分かれしていた。

けもの道の追跡で注目されたのは、これらがいわゆる山のなかにあるのではなく、山すその田畑や民家あるいは道路のほんの脇にあるという

写真17-1、2　進むイノシシの捕獲作業。（左）南さんと徳岡さん、（右）永田さん

写真17-3　捕獲されたイノシシ

ことであった。また、このあたりを歩いてみて気づいたのは、手入れが行き届かなくなった植林地などに竹が侵入し、イノシシがあちこちでタケノコを掘り起こしていることであった。

さて、以上みてきたように、クリ太郎、クリ坊、バンザン坊親子の動きからいくつかの特徴的な行動パターンを認めることができた。これらは、食べ物や潜伏などの条件、狩猟圧といったものに影響を受けているものと考えられた。イノシシのテレメトリー調査はこれからも続く。新たに発信機をつけたイノシシも数頭いる（写真17）。さらにデータを集めていきたい。

## 地域づくりの観点からイノシシの被害問題を考えることが大切

わが国では、高度経済成長期に山間や山麓の農村から人口が流出し、それにともなって農業離れが生じた。さらに昭和四十五年（一九七〇）より米の生産調整も行われた。米の生産調整は平成になって（一九九〇年代）も行われ、耕作放棄地が里のなかの各所にみられるようになった。ここ栗原も同様である。現在の耕作地は戦前の三分の一ぐらいになり、そこから多くの耕作放棄地が生まれている。

テレメトリー調査結果によれば、近年栗原でイノシシが里のなかに居座るようになり、里のなかのイネにまで被害をもたらすようになっているのは、このような耕作放棄地の拡大によるところが大きい。耕作放棄地はススキやクズ、ササや竹などのやぶとなっている。ここにはイノシシの食べ物があり、また身を潜めるのに絶好の茂みがある。イノシシはここを潜伏場所、餌場、移動経路として利用しているのである。

また、昔と違って現在のイネは、イノシシの食料である山の木の実が落ちる前

写真18-1、2　栗原の会議所での説明会。（左）筆者

写真19　イノシシ被害や電気柵について説明する松村さんと徳岡さん

に乳熟期や収穫期をむかえるため、格好の標的になっている可能性もある。

だから、イノシシの被害問題に対応していくには、人びとが自分たちの土地の利用のありかた、現在の農業について考えなければならないのである。そのためには、地方や国の行政の取り組みも重要となってくる。イノシシの被害問題への対応が地域づくりだというのは、このことをいうのである。

土地利用のありかたを考えイノシシとの共存をはかっていくには、さらに細かな項目に関する検討が地域側にもイノシシ側にも必要となるが、まずは地域のみなさんにこのような現状を理解してもらう必要がある。そこで、区長さんたちの協力を得てすすめている調査によってわかってきたイノシシの行動パターン、特に耕作放棄地とのかかわりなどを整理し、これらについての説明会を栗原の会議所で行うことにした

（写真18）。また、大学の学生たちや地域のかたの参加のもと、被害の現状と電気柵による対策などについての説明会も行った（写真19）。

いまこのようにして、地域の人びととともにイノシシの調査を行い、その結果を地域に還元し、一緒になってイノシシとの共存のありかたを考えている。イノシシのテレメトリー調査結果からもわかるように、イノシシの行動範囲は栗原地区だけにおさまらない。隣の下龍華地区や上龍華地区にもおよんでいる。したがって、イノシシへの対応は、地域間で協力して取り組む必要もでてくる。また、鳥獣保護区の設定をどのようにしていくのかという問題も浮かび上がってくる。

「およそ二七〇年前、下龍花村（今の下龍華地区）と上龍花村（今の上龍華地区）が共同で二つの村にまたがるシシ垣をつくり、一部が栗原村（今の栗原地区）との境界を越えてしまった」ということが書かれている古文書のことを先に紹介した。時代は違うが、いま再び、地域のなかで、また地域間で、共同してこの問題に取り組む時がきたようである。行政の取り組みも重要となってくる。大学も一緒にスクラムを組んでいきたい。

# 引用・参考文献

## 第一部　〝けもの〟と人びととのかかわり

### 鈴鹿山麓のけものと人びと

阿部永・石井信夫・金子之史・前田喜四雄・三浦慎悟・米田政明（一九九四）日本の哺乳類、東海大学出版会。

伊吹山麓口承文芸学術調査団（一九八三）伊吹町の民話、伊吹山麓口承文芸学術調査団。

今泉忠明（一九九四）新アニマル・トラック、自由国民社。

大泰氏紀之・井部真理子・増田泰編著（一九九八）野生動物の交通事故対策—エコロード事始め、北海道大学図書刊行会。

川口敏（二〇〇一）死物学の観察ノート、ＰＨＰ研究所。

高知新聞社編（一九九七）ニホンカワウソやーい！、高知新聞社。

甲良町教育委員会編（一九八〇）こうらの民話、甲良町教育委員会。

さとうまきこ・杉田比呂美（一九九九）ぜったいに飼ってはいけないアライグマ、理論社。

山東昔ばなし編集委員会編（一九七七）山東昔ばなし、山東町史談会。

滋賀県教育委員会・財団法人滋賀県文化財保護協会編（一九九七）粟津湖底遺跡第三貝塚（粟津湖底遺跡Ⅰ）、財団法人滋賀県文化財保護協会。

滋賀県琵琶湖環境部自然保護課（二〇〇〇）滋賀県で大切にすべき野生生物（二〇〇〇年版解説書　ＣＤ—ＲＯＭ）。

高島の昔ばなし刊行委員会編（一九八〇）高島の昔ばなし、高島町教育委員会。

玉木京編（一九七七）朽木村の昔話と伝説、朽木村教育委員会。

土山町教育委員会編（一九八〇）つちやまのむかしばなし、土山町教育委員会。

中村一恵・石原龍雄・坂本堅五・山口佳秀（一九八九）神奈川県におけるハクビシンの生息状況と同種の日本における由来について、神奈川自然誌資料（一〇）、三三～四一。

西浅井町教育委員会編（一九八〇）西浅井のむかし話、西浅井町教育委員会。

日高敏隆監修（一九九六）日本動物大百科1　哺乳類I、平凡社。

水島明夫編（一九八九）多賀町の石灰洞、多賀町。

安田健（一九九九）江戸後期諸国産物帳集成第Ⅶ巻　甲斐・伊豆・駿河・近江〔諸国産物帳集成第Ⅱ期〕、科学書院。

余呉町教育委員会編（一九八〇）余呉の民話、余呉町教育委員会。

野洲川下流域のけものと人びと
『郷土誌』：速野村、河西村、玉津村、小津村、守山町。
守山市教育委員会（一九八〇）守山往来、守山市教育委員会。
守山市教育委員会（一九八二）続守山往来、守山市教育委員会。
守山市誌編纂委員会編（二〇〇一）守山市誌　地理編、守山市。

## 第二部　〝けもの〟との共存について考える

滋賀県でのサルと人との共存について考える
井上雅央（二〇〇二）山の畑をサルから守る、農山漁村文化協会。
寺本憲之（一九九六）天蚕（ヤママユ）飼料樹、ブナ科植物を寄主とする鱗翅目昆虫相に関する研究、滋賀農試特研報、二一一六ページ。
室山泰之（二〇〇〇）里のサルたち：新しい生活をはじめたニホンザル、杉山幸丸編著、霊長類生態学―環境と行動のダイナミズム―、京都大学学術出版会、二三五～二四七。

家畜放牧ゾーニングによる獣害回避対策

江口祐輔（二〇〇三）イノシシから田畑を守る、農山漁村文化協会。

農林水産省草地試験場（一九九九）放牧の手引き。


大学と地域が一緒になってイノシシとの共存を考える

高橋春成（二〇〇一）地域づくりのなかでイノシシを考える、高橋春成編、イノシシと人間―共に生きる、古今書院、三五五～三九七。

高橋春成（二〇〇三）シシ垣探検（前編）―大学と地域の連携のもとに―、地理、四八（三）、七三～七九。

高橋春成（二〇〇三）シシ垣探検（後編）―大学と地域の連携のもとに―、地理、四八（四）、一〇二～一〇七。

## ■執筆者略歴

### 高橋　春成（たかはし　しゅんじょう）

奈良大学地理学教室　教授。博士（文学）。滋賀県環境審議会自然環境部会長。滋賀県移入種問題検討委員会哺乳類部会長。生物環境アドバイザー。

主な著書：『イノシシと人間—共に生きる』（編著、古今書院、2001）

『野生動物と野生化家畜』（単著、大明堂、1995）

『荒野に生きる—オーストラリアの野生化した家畜たち』（単著、どうぶつ社、1994）

### 阿部　勇治（あべ　ゆうじ）

多賀の自然と文化の館　学芸員。滋賀県環境審議会自然環境部会イヌワシ・クマタカ専門委員。滋賀県移入種問題検討委員会哺乳類部会委員。生物環境アドバイザー。

主な著書・論文：「多賀町四手の古琵琶湖層群より産出したシカ類化石の概要とその意義」（共著、多賀町文化財・自然誌調査報告書、1994）、「近江カルスト」（分担執筆、『琵琶湖流域を読む　上—多様な河川世界へのガイドブック』サンライズ出版、2003）、「滋賀県多賀町の鍾乳洞「河内風穴」におけるテングコウモリ *Murina leurogaster* Milne-Edwarsd, 1872の個体数の年間変動」（共著、東洋コウモリ研究所紀要、印刷中）

### 滋賀県猟友会（しがけんりょうゆうかい）

濱崎元弥（会長、大津支部会長）、高畑　實（副会長、八幡支部会長）、青山清次（監事、愛知支部会長）、玉藤義一（朽木支部会長）、藤本　晃（事務局長）

社団法人滋賀県猟友会は23の支部をもち、1200人余りの会員で構成される。狩猟のほかに、有害鳥獣の駆除、野生鳥獣の調査、小学校の愛鳥活動への助成、植樹活動などを行っている。

### 寺本　憲之（てらもと　のりゆき）

前滋賀県農業総合センター農業試験場湖北分場、現東近江地域振興局環境農政部農業振興課　主幹。農学博士。滋賀県ニホンザル保護管理計画委員。滋賀県生きもの総合調査専門委員。

主な著書・論文：『小蛾類の生物学』（共著、文教出版、1998）、『日本動物大百科　昆虫Ⅱ』（共著、平凡社、1997）、「天蚕（ヤママユ）飼料樹、ブナ科植物を寄主とする鱗翅目昆虫相に関する研究」（単著、滋賀農試特研報、1996）

### 上田　栄一（うえだ　えいいち）

滋賀県農業総合センター農業試験場湖北分場　分場長

主な著書・論文：『みんなで楽しく集落営農』（単著、サンライズ出版、1994）、「農機の共同利用でコスト低減・集落活性化」（単著、月刊ＪＡ、2001）、「家畜の放牧ゾーニングによる獣害回避試験」（単著、しがの農業、2002）

本書に掲載した地図は、国土交通省国土地理院発行の地形図をもとに作成した。

滋賀の獣《けもの》たち—人との共存を考える—　淡海《おうみ》文庫29

2003年 9 月10日　初版 1 刷発行
2006年 2 月20日　初版 2 刷発行

企　画／淡海《おうみ》文化を育てる会
編著者／高　橋　春　成
発行者／岩　根　順　子
発行所／サンライズ出版
滋賀県彦根市鳥居本町655-1
☎0749-22-0627　〒522-0004
印　刷／サンライズ出版株式会社


ISBN4-88325-139-X

# 淡海《おうみ》文庫について

「近江」とは大和の都に近い大きな淡水の海という意味の「近（ちかつ）淡海」から転化したもので、その名称は「古事記」にみられます。今、私たちの住むこの土地の文化を語るとき、「近江」でなく、「淡海」の文化を考えようとする機運があります。

これは、まさに滋賀の熱きメッセージを自分の言葉で語りかけようとするものであると思います。

豊かな自然の中での生活、先人たちが築いてきた質の高い伝統や文化を、今の時代に生きるわたしたちの言葉で語り、新しい価値を生み出し、次の世代へ引き継いでいくことを目指し、感動を形に、そして、さらに新たな感動を創りだしていくことを目的として「淡海文庫」の刊行を企画しました。

自然の恵みに感謝し、築き上げられてきた歴史や伝統文化をみつめつつ、今日の湖国を考え、新しい明日の文化を創るための展開が生まれることを願って一冊一冊を丹念に編んでいきたいと思います。

一九九四年四月一日